昆 虫 记

[法]亨利·法布尔 著

顾漩 孙焕君 译

徐环李 审

外语教学与研究出版社

北京

图书在版编目 (CIP) 数据

昆虫记／（法）亨利·法布尔著；顾漩，孙焕君译. —— 北京：外语
教学与研究出版社，2022.4
ISBN 978-7-5213-3379-4

Ⅰ. ①昆… Ⅱ. ①亨… ②顾… ③孙… Ⅲ. ①昆虫学－青少年读物
Ⅳ. ①Q96-49

中国版本图书馆 CIP 数据核字 (2022) 第 042953 号

出 版 人　王　芳
项目负责　章思英　刘晓楠
项目策划　何　铭
责任编辑　陈思原
责任校对　白小羽
封面设计　水长流文化
版式设计　平　原
插图绘制　顾翌休
出版发行　外语教学与研究出版社
社　　址　北京市西三环北路 19 号（100089）
网　　址　http://www.fltrp.com
印　　刷　北京华联印刷有限公司
开　　本　710×1000　1/16
印　　张　17.5
版　　次　2022 年 4 月第 1 版 2022 年 4 月第 1 次印刷
书　　号　ISBN 978-7-5213-3379-4
定　　价　69.00 元

购书咨询：（010）88819926　电子邮箱：club@fltrp.com
外研书店 https://waiyants.tmall.com
凡印刷、装订质量问题，请联系我社印制部
联系电话：（010）61207896　电子邮箱：zhijian@fltrp.com
凡侵权、盗版书籍线索，请联系我社法律事务部
举报电话：（010）88817519　电子邮箱：banquan@fltrp.com
物料号：333790001

导读

如果没有前人对自然万物的探索，就没有今天高度发达的物质文明。人们对做出过划时代贡献的科学大师心怀敬仰，渴望通过阅读他们的作品寻求创新的灵感。怎奈时空相隔，以今人的视角观古人，很难读出原著的过人之处，这也许是当前科学名著公众阅读率不高的原因之一。本书正是能让大家易读和悦读的作品。我们在每章前增加了简明扼要的导语，以期有助于读者了解大师的思想在当时的背景和认知体系下是怎样脱颖而出的——以历史的眼光看待古人，才能读出创见，受到启迪。

科学名著公众阅读率不高的另一原因是，在信息大爆炸时代，行色匆匆的人们无暇在每一道风景前长久驻足，内容艰深、术语繁杂、动辄几十万、上百万字的鸿篇巨制委实令人生畏。因此，在编辑本书时，我们删繁就简，提炼精华，保留了原著中的核心观点和能与现代理论接轨之处，以便读者用较短时间就能充分领略和欣赏名著中的精华。

世界从未像现在这样缤纷多彩，时下人们普遍追求丰富多元的精神享受。为此，我们查阅大量资料，倾尽所能在书中插入了精美图片。文图相得益彰，能给读者带来非同寻常的视觉体验。

在策划和编辑本书的过程中，我们得到了中国农业大学昆虫学系博士生导师徐环李的充分肯定和悉心指导。他对科学研究的孜孜追求、对科学普及的身体力行，尤其是对经典阅读的大力倡导，令我们深受鼓舞与启发。我们诚挚期待本书能引领更多的读者阅读大师的原著，欣赏这些历久弥新的瑰宝并有所收获。

序

　　《昆虫记》是法国博物学家、文学家让-亨利·卡西米尔·法布尔（1823—1915）所著的系列科学随笔，共十卷。在书中，法布尔依据自己几十年观察昆虫和研究昆虫的经历及结果，以人性化的观点比照昆虫习性，以通俗易懂、生动有趣的散文笔调深入浅出地介绍了几十种昆虫的外部形态和生物习性，真实地记录了法国乡村常见昆虫的本能、习性、活动和死亡等，描述了各种昆虫恪守自然规则为生存和繁衍进行的不懈努力。书中处处以人性比拟虫性，表达了作者对生命和自然的热爱与尊重，体现了作者细致入微、孜孜不倦的科学探索精神。

　　《昆虫记》被译成多种文字出版，中国也翻译出版了大量法布尔的作品。《昆虫记》里的一些内容已被收入小学语文课本。如今，出版者重译《昆虫记》里的部分内容，分别介绍石蜂、蝉、蟋蟀、螳螂、大孔雀蛾、金步甲、金龟子、种子里的象虫和豆象的取食、繁殖、营巢等生活习性，为广大读者展现了一个奇异的昆虫世界。

　　如本书所述，蝉是一种神奇的昆虫，它在夏天的夜晚从土洞中悄悄爬上树枝，换上华丽的新装，然后开始一生的歌唱生涯。我们简直难以想象，一只弱不禁风的若蝉在构建地下的房子时，用它奇特的嘴汲取树根的水，把挖开的泥土打湿，搅拌成湿泥巴，涂抹在坑道内壁，真是天生的能工巧匠！成年蝉在炎热的夏季坐在树上唱歌，渴了的时候只要把吸管插进树皮里就能饮水解渴。屎壳郎在人们的印象中是一种很恶心的昆虫，但在法布尔笔下，我们看到屎壳郎的意志力是多么坚强。

孔雀蛾是一种很漂亮的蛾，全身披着栗色的绒毛，脖子上有白色的领结，翅膀上撒着灰色和棕色的小鳞片，中央有一个大"眼睛"，有黑得发亮的"瞳孔"和许多色彩镶成的"眼帘"。但雌蛾并不靠华丽的外装吸引雄蛾，只要雌蛾在待过的地方留下印记，四千米外的雄蛾就能准确无误地找到雌蛾，这比使用卫星进行定位还要精准。螳螂在人们印象中是个残杀同类的坏家伙，但在两性交配时，为了后代的健康繁衍，雄螳螂勇于牺牲个人，成为雌螳螂的美餐，这是多么凄美的爱情结局。雌螳螂在产卵过程中，充分利用流体运动原理，不停摆动腹部产卵并分泌泡沫填充在卵鞘中，这些泡沫遇到空气就会凝固硬化，起到保护卵的作用。雌螳螂的肚子就像一台神奇的机器，令人叹为观止。

《昆虫记》是法布尔用毕生心血和研究成果写成的世界名著，凝集着他的智慧与灵感。这让我们认识到，写作的源泉原来来自生活，只有仔细观察和研究周围的一切，才能了解世界是多么奇妙。

生物多样性是人类赖以生存和发展的基础，对于维持生态平衡、稳定环境具有关键性作用。昆虫作为生物多样性的一个重要组成部分，需要我们去珍惜和保护。读完这本书，我们了解到昆虫的世界是如此丰富多彩，只有珍爱生命，世界各国和平相处，人类才能创造出更美好的明天。

英国伟大的物理学家牛顿曾经说过：如果说我比别人看得更远些，那是因为我站在巨人的肩上。今天，年轻的朋友们，让我们仔细阅读这本书，不仅要读懂文字表面的意思，还要读懂更深层的内涵。我们应该在自己的学习和工作中，如书中所描绘的小小昆虫一样，勤勤恳恳、任劳任怨、恪尽职守，为实现中华民族的伟大复兴贡献自己的力量。

中国农业大学昆虫学系博士生导师

徐环李

2015 年 10 月于北京

本版说明

《昆虫记》卷帙浩繁，共十卷，为法布尔耗费三十年心血的成果。每卷有二十来篇独立成篇的文章，同类昆虫可能分布在不同的卷，每种昆虫所占的篇幅不尽相同，有关不同昆虫的章节也没有不可分割的联系。本书只精选了原著中有关几种常见昆虫，比如蝉、螳螂、蟋蟀、甲虫等的章节，并大致按照原著的写作顺序排列。这样做的好处是在分类介绍昆虫知识的同时，也反映了作者思想成长的过程。读者可以从中了解一个科学大家的成长历程。

法布尔出身贫寒，前半生一贫如洗，后半生勉强维持温饱，但他没有向各种困难低头，而是坚持不懈地进行观察和实验。《昆虫记》不但展现了他在科学观察方面的才能和文学天赋，还向读者传达了他的人文精神和对生命的无比热爱。法国著名戏剧家埃德蒙·罗斯丹称赞道："这个大学者像哲学家一般地去思考，像艺术家一般地去观察，像诗人一般地去感受和表达。"法布尔晚年时，《昆虫记》的成功为他赢得了"昆虫界的荷马""科学诗人""动物心理学的创导人"等美名，他也因此书于 1910 年获得诺贝尔文学奖提名。可惜没等到诺贝尔奖评选委员会下决心给他授奖，这位大师就溘然长逝了。

《昆虫记》得到了中国读者的喜爱。据不完全统计，近十年来，市场上出现过的相关图书将近一千种，《昆虫记》成为各大出版社青睐的选题素材。本版的特色是忠实原著、插图丰富、讲解详细。以专业的角度来衡量，法布尔是博物学家，不是昆虫学家，他笔下的昆虫行为只是他个人观察的结果，并不代表科学共同体的观点。而且在法布尔生活的时代，昆虫研究刚刚起步，与当代昆虫学的认知不可能完全相同。为此，我们邀请中国农业大学昆虫学系博士生导师徐环李对所有文字和图片进行审读，确保不出现名词、术语的表述错误以及其他知识点上的重大差错。

总之，我们希望通过自己的努力，为广大读者提供内容量适当、通俗易懂并且符合当代昆虫学主流观点的版本，请广大读者多提宝贵意见。

目录

昆虫知识

　　随着城市化进程的推进，各种昆虫似乎淡出了人们的视野，其实只要你认真观察，它们的身影无处不在：从路灯边围绕的飞蛾到草丛里欢唱的蟋蟀（北方俗称蛐蛐），从水边的蜻蜓到沙漠中的拟步甲，从春日花丛中翩飞的蝴蝶到冬日里树干上的刺蛾茧……昆虫属于动物界（Animalia）节肢动物门（Arthropoda）昆虫纲（Insecta），是动物界中最繁盛的一个类群。目前已发现的昆虫约有一百万种，占动物界已知种类的三分之二；而据科学家们推测，全球昆虫可能达一千万种，占全球生物多样性的一半。昆虫与人类的关系复杂而密切，要知道人类出现的历史仅有六七百万年，而有翅昆虫至少已经存在四亿年了。

　　在生活中，很多人把蜘蛛、蜗牛、蜈蚣等动物都归为昆虫，但实际上它们并不属于昆虫纲。简单来说昆虫纲动物要满足下列特征：成虫由头、胸、腹三部分组成，头部具有口器、触角、复眼（或单眼）等，

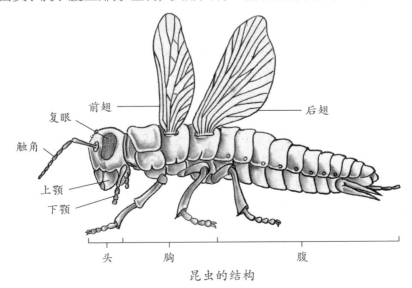

昆虫的结构

复眼　前翅　后翅　触角　上颚　下颚　头　胸　腹

胸部具有三对足、两对翅。在亿万年的进化长河中，昆虫也有很多器官不断特化，导致它们看上去似乎并不符合上述特征。比如，苍蝇的后翅特化成了平衡棒；蝗虫（俗称蚱蜢）和甲虫的前翅分别革质化和鞘化，覆盖住了后翅，使得这几类昆虫看起来如同只有一对翅。实际上，这些不同器官的特化不仅使得昆虫的外部形态多种多样，也为传统昆虫分类提供了更明确的分类标准。

在昆虫分类中最常用、最基础的是形态学特征，此外还有生理学特征、生态学特征等。科学家们根据原生翅的有无将昆虫纲分为无翅亚纲（Apterygota）和有翅亚纲（Pterygota）。无翅亚纲起源于志留纪或者更早期，包括石蛃目和缨尾目的昆虫。室内书籍、衣服、丝绸里常见的"衣鱼"就是缨尾目中的成员。翅的出现是昆虫进化史上的一次飞跃，有翅亚纲昆虫在石炭纪大量出现。其中一部分只有非常简单的翅关节，休息时翅不能折叠于腹部背面，被称为古翅次纲（Paleoptera），包括蜉蝣目和蜻蜓目。另一部分出现了翅的折叠机制，被称为新翅次纲（Neoptera），它们占据现有昆虫97%的种，是现存昆虫的优势类群。

根据幼虫期翅在体内发育还是在体外发育，新翅次纲的昆虫又分为两大类：外翅部（Exopterygota）和内翅部（Endopterygota）。外翅部昆虫都是不完全变态的，它们的发育只有三个阶段——卵、若虫和成虫，且若虫通常和成虫外表相似。外翅部昆虫包括直翅总目（Orthopterodea）和半翅总目（Hemipterodea），比较常见的有：蜚蠊目（蟑螂等）、等翅目（白蚁等）、竹节虫目（竹节虫等）、直翅目（蝗虫等）、螳螂目（螳螂等）、啮虫目（书虱等）、缨翅目（蓟马等）、半翅目（蝽等）、虱目（虱子等）等。内翅部昆虫都是完全变态的，它们的发育经过了卵、幼虫、蛹、成虫四个阶段，幼虫和成虫从形态到生活方式都不同，常见的有：鞘翅目（甲虫）、脉翅目（草蛉等）、膜翅目（蜂、蚂蚁）、

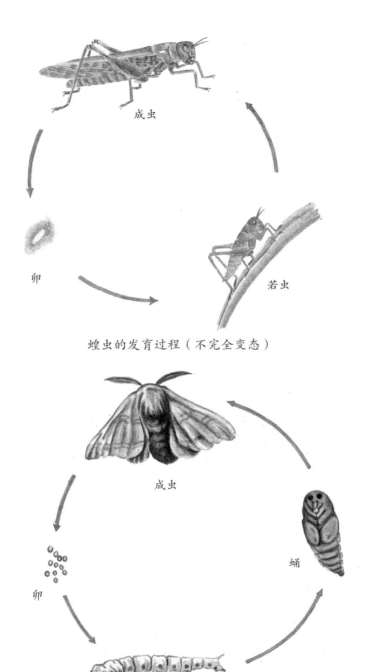

成虫

卵

若虫

蝗虫的发育过程（不完全变态）

成虫

蛹

卵

幼虫

蚕的发育过程（完全变态）

鳞翅目（蛾、蝶）、双翅目（蚊、蝇）、蚤目（跳蚤）。

如此繁杂的昆虫种类会不会让你大吃一惊呢？在生物圈中，昆虫的世界丰富多彩，充满了智慧、亲情、斗争和灵性。法布尔在《昆虫记》中绘声绘色地描述了他所观察到的昆虫世界，相信读者们一定会被这些有趣的小生灵所吸引，感受到昆虫之美、生命之美。

第一章

石蜂

　　石蜂，归属有翅亚纲膜翅目（Hymenoptera）蜜蜂总科（Apoidea）切叶蜂科（Megachilidae）切叶蜂属（Megachile）石蜂亚属（Chalicodoma Lepeletier）。目前，全世界大约有三十多种石蜂，分布在中国的有两种。外形美丽的石蜂特别擅长在石头上建造巢穴，早在法布尔时代之前就已经有了描述石蜂习性的文献。

　　石蜂成蜂的活动高峰期是每年五月份。那时，成蜂纷纷从蜂巢中钻出，它们用上颚咬、用爪子拨弄，大概几十分钟，就能来到自由天地。要是卡在蜂巢内的时间太长，成蜂就会死去。一般来说，雄蜂会比雌蜂更早钻出蜂巢。它们一旦出来，就去寻花采蜜，补充能量。雄蜂不会筑巢。在不到一个月的短暂生命期中，雄蜂的主要任务就是和雌蜂交配。雄蜂有的在蜂巢附近等候，有的在蜜源附近等候。当雌蜂也终于破"门"而出时，属于石蜂的爱情季节就到来了。

　　完成交配后，雌蜂就会勤勤恳恳地筑巢、储粮、产卵。聪明的石蜂会选择资源丰富的地点筑巢，这样采集砂浆和花粉所需要的时间都不会太长。在本章中，法布尔饶有兴致地描述了石蜂筑巢的种种行为，修正和完善了前人得出的结论。

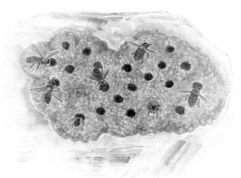

第一节

石蜂筑巢

　　法国著名博物学家雷奥米尔（1683—1757）写过一部名为《昆虫志》的著作，其中一卷描述了一种善于在石墙上筑巢的昆虫，他称之为石蜂。这里，我打算从另一个视角继续讲述石蜂的故事，对雷奥米尔的大作进行补充。这位伟大的观察者恰好完全忽略了下面要讲的内容。首先，我想讲一讲我是怎么和这种花蜂结缘的。

　　那是在 1843 年前后，当时我刚刚从沃克吕兹师范学校毕业，抱着毕业证书，带着属于十八岁的天真激情，被派往卡庞特拉一所学院的附属学校，从此开始了教书生涯。虽然有聊以自夸的"高级学校"头衔，可是在我看来，这真是一所诡异的学校，看起来就像一个巨大的地窖，背对着大街上的水井——整个学校永远是湿乎乎的。在天气不错的时候，尚可以开门采光；除此之外，就只有一扇窄窄的小窗，跟监狱里的窗户差不多，还带着铁条，菱形的窗格玻璃嵌在铅框上。固定在教室四周墙上的木板就是学生们坐的长凳，正当中摆着一张椅子、一块黑板和一支粉笔，椅子上的草垫都已经烂了……

　　早上和晚上，当铃声响起的时候，就会冲进来五十来个小顽童。他们怎么都学不懂古罗马史，于是被送来"好好学几年法语"。还有几个智商赶不上同龄人的大孩子也来我这里简单学点儿语法。儿童和高大魁梧的成年人混在一起，水平参差不齐，但在捉弄老师方面倒是

006

心很齐。可怜我这个大男孩老师也不比某些学生年纪大，甚至还没他们大。

我教最小的孩子认音节，教大一点儿的孩子如何握笔在膝盖上写几行字；对于更大的孩子，我要传授分数的知识，甚至欧几里得几何学。为了让这群不安分的孩子安静下来，为了让他们的大脑以恰当的方式运转，为了让他们保持振作，以及为了从阴森森的房间里驱走无聊——比潮气更要命的是四壁之间弥漫的压抑之气，我唯一的对策就是不停地说话，唯一的武器就是手中的粉笔。

在除教授拉丁语或希腊语以外的课堂上，学生们也同样漫不经心。如今，物理学的发展突飞猛进，可是当年老师们是怎么上物理课的？一个例子就足够了。学校的校长是一位很有身份的教士。他不想在柴米油盐中虚度光阴，于是把这些琐事委托给一位亲戚，自己一门心思教物理。

让我们一起来听听他的一堂课吧！那堂课讲的是气压表。学校里刚好有一支陈旧的气压表，灰头土脸地挂在墙上大家都够不着的地方。表盘上用粗体写着几个大字：风、雨、晴。

"气压表嘛，"伟大的教士开腔了，"气压表告诉我们天气是好还是坏。瞧，表盘上写着风、雨……巴斯蒂安，你看见了吗？"这位中规中矩的教士习惯用教名称呼他的学生。

"看到啦！"巴斯蒂安说。他是这帮孩子中最调皮的。在这之前，他已经浏览过课本，关于气压表，他知道的没准比老师还多。

"气压表嘛，"教士继续说，"是一根U形的玻璃管，里面装满水银。水银面会随着天气的变化升高和降低。U形管短的一头是开口的，另一头……另一头……嗯，我们看一下就知道了。巴斯蒂安，你个儿最高，踩在椅子上用手指摸一摸长管是开口的还是闭口的。我记不清了。"

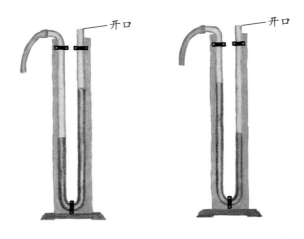

现代气压表

巴斯蒂安爬到椅子上，踮着脚尖，用手指使劲够长管的顶端，刚长出的小胡子底下露出一丝刻意压制的笑容。

"嗯，"他说，"我摸到了，长管顶端是开口的。就在那儿，我摸到了孔。"

为了证明捏造的话是真的，巴斯蒂安继续用食指鼓捣长管的顶端，跟他一伙的捣蛋鬼拼命压抑着不让自己笑出声来。

"行了，"不明真相的教士说，"下来吧，巴斯蒂安。孩子们，记下来，气压表的长管是开口的。好记性不如烂笔头，你们看连我都忘了。"

当时物理课就是这么教的。好在学校里来了一位新老师，这位老师总算知道气压表的长管是闭口的。后来，我自力更生弄来几张桌子，这样孩子们就可以趴在桌子上写字，不用在膝盖上写写画画了。再后来，我带的班人数越来越多，不得不拆成两个班。很快，我有了一个能帮忙照看低龄孩子的助手，情况一下子得到了改善。

在所有这些课程中，有一门课老师和学生都很喜欢，这门课就是在户外进行的几何实地测量课。学校没有提供必要的教具，不过，既然我的薪水那么高，一年有七百法郎，何不拿点儿出来购置教具呢？勘测用的链子、标杆、标记、水平仪、直角尺和指南针，这些都是我自己买的。一个比巴掌大不了多少的微型测角仪大概值五法郎，是学校提供的。但没有三脚架，我请人做了一个。总之，现在我的装备已经齐全了。

五月到了，每周中有一天，我们会离开阴暗的教室，来到田野中。这已经成了固定的节日。男孩们争着扛标杆。标杆三支一束，带着好多尖角，谁不愿意扛着这象征博学的棍子穿过市区呢？我自己也不例外。我小心翼翼地带着最精密、最贵重的仪器——价值五法郎的测角仪，脸上不无得意之色。我们上课的地方是一片未经开垦的、布满砾石的平地，当地人给这片地方起了个名字，叫"荒石园"。这里没有树篱或灌木，不会遮挡我照看孩子们的视线；还有一个无可替代的优势——我不用担心孩子们会受到青杏子的诱惑。平地一望无垠，除了盛开的百里香和圆圆的卵石，什么都没有。这里有足够的空间可以摆出任何想要的多边形，可以任意组合梯形和三角形。平时遥不可及的

百里香

距离在这里都游刃有余。甚至还有一座废弃已久的鸽舍，刚好可以为测角仪提供垂线。

从第一天开始，我就发现了一些奇怪的事情。我让一个学生去插标杆，他不时停下来弯腰察看，然后站起来，东张西望一番，走不了几步又弯下腰，完全忘了走直线和做记号。另一个学生本来应该去拾标记，结果拾起的不是铁叉，是一块石头。还有一个学生忘记测量角度，却在用手指捏碎一块土疙瘩。不知怎的，好多学生嘴里竟衔着麦秆。多边形被晾在了一边，对角线也遭到了冷遇。这到底是怎么回事？

我认真考察了一番，一切都明白了。孩子们是天生的探险家和观察家，他们早就知道了那些老师还没听说过的秘密。比如，有一只大黑花蜂在荒石原的砾石上搭了一座土巢，巢里有蜜。我的这些测量员打开巢室，用麦秆把蜂房掏空。虽然花蜜味很冲，不过孩子们喜欢吃。我尝了尝，也加入寻觅蜂巢的队伍。至于那些多边形，已被我们抛在脑后，晚点儿再说吧！这是我第一次见到雷奥米尔笔下的石蜂，当时我对石蜂的来龙去脉和为它写传的人都一无所知。

这种花蜂太好看了：深紫色的翅膀，黑天鹅绒般的身体。它那土里土气的巢穴就建在阳光照耀的砾石上，周围长着一丛丛百里香。它的蜜让孩子们忘了手中的指南针和直角尺，这一幕给我留下了深刻的印象。我想知道比孩子们更多的东西，他们只知道用麦秆吸蜂房里的蜜。巧的是，书店里正好在卖一部关于昆虫学的巨著，名字叫《节肢动物志》，作者是德卡斯泰尔诺（1812—1880）、布朗夏尔（1820—1900）和卢卡（1815—1899）。书里一幅幅诱人的插图令人爱不释手，可是价钱，价钱……没关系，我的收入那么丰厚，何况精神食粮和物质食粮同样重要。这地方支出多一点儿，那地方少花一点儿就可以了，大凡视科学为生命的人都经历过这种令人痛苦的权衡与考验。交易完成了，我的钱包大大缩水——为了这本书，我花掉了整整一个月的薪水。我不得不节衣缩食一阵子补上这笔巨大的透支。

我狼吞虎咽地把书读完了，用狼吞虎咽来形容是最贴切不过的。从书里，我知道了这种黑色花蜂的名字，还第一次读到了昆虫习性的众多细节。我内心满是敬仰，我崇敬这些光辉的名字：雷奥米尔、于贝（1750—1831）和迪富尔（1780—1865）。我把这本书读了一遍又一遍，当我读到第一百遍时，内心深处有个声音轻轻地对我说：

"早晚有一天，你也会成为他们中的一员！"

这真是一个美丽的幻境，现在到底怎么样了呢？

让我们把这些甜蜜而伤感的往事暂放一旁，回过头来说说大黑花蜂吧。Chalicodoma 的意思是用卵石、混凝土或者灰泥砌起来的房子，对于不熟悉希腊文的人来说，这个词的发音很奇怪，不过用它作为大黑花蜂的名字真是再合适不过了。这种花蜂建造巢穴的材料竟和我们人类盖房的材料一样。昆虫竟然能干石匠的活儿，不过手艺比较粗糙，只会糊泥，不会砌石。雷奥米尔对分类不甚了解，这让后人很难读懂他的文章。雷奥米尔根据花蜂的作品而把我们这位用干泥造房的建筑师形象地称作"石蜂"。

在我们这里，有两种石蜂：一种是高墙石蜂，也就是雷奥米尔精彩描述过的那种；另一种是西西里石蜂。从名字可以看出，后者是意大利西西里东北部埃特纳火山区所特有的。不过在希腊、阿尔及利亚以及法国南部，尤其是沃克吕兹省，也有这种花蜂，它是五月份最常见的花蜂之一。高墙石蜂雌雄两性的体色迥然不同，不熟悉的人看到它们从同一个蜂巢里飞出，一定会非常惊讶，还以为它们是两种完全不同的花蜂。雌蜂的身体呈漂亮的天鹅绒般的黑色，翅膀呈深紫色。雄蜂没有黑色天鹅绒外衣，代之以明亮的砖红色羊绒大衣。西西里石蜂的个头要小很多，两性体色差异也没那么大：雌蜂和雄蜂穿着同样

雌性高墙石蜂

的外衣，棕、红、灰三色杂糅，在翅膀尖的古铜色背景上隐隐约约显出一抹淡紫，有点儿像高墙石蜂身上的淡紫。这两种石蜂都在五月初开始筑巢。

雷奥米尔告诉我们，法国北方的高墙石蜂常常会选择正对阳光、没有灰泥的墙壁建造蜂巢。因为有时候灰泥会掉下来破坏蜂巢，所以它们只在基础牢固的地方，比如裸露的岩石上筑巢。法国南部的石蜂同样谨慎、细致，不过因为某些我未能了解的原因，它们更喜欢在石墙以外的地方筑巢。一块圆圆的、比拳头大不了多少的卵石是它们的最爱。这些石头覆盖在罗讷河谷的台地上，是由冰川的水冲到这里的。卵石的数量如此之多，很可能影响到高墙石蜂的选择。在不太高的山地和长满百里香的干燥土地上，到处是这种被水冲刷过，表面黏结着红色土壤的石头。在河谷中，高墙石蜂还喜欢在山涧冲下来的卵石上筑巢。比如，在奥朗日附近，高墙石蜂最喜欢的筑巢地点是埃格河冲积地，那里铺着一层光滑的卵石，而河水早就不再到来。最后，如果找不到卵石，高墙石蜂就会把巢筑在任何一种石头上，比如砌在界标或者围墙上。

西西里石蜂的选择范围更宽，它们最心仪的地方是屋顶飞檐的底面。田野中没有大房子，不过屋檐的大小已经足够保护西西里石蜂的小窝了。每年春天，一群一群的西西里石蜂在这里安家，造房技艺代代相传，它们占有的地盘越来越大，直到把一大片地方据为己有。我在屋檐瓦片底下见过这样的蜂巢，它的面积足有四五平方米。蜂群集体筑巢的时候非常吵闹，嗡嗡声简直震耳欲聋。阳台的底面也适合石蜂筑巢，还有年久不用的斜面窗，当然最好是百叶窗，它们可以在板条之间自由地进出。不过这样的地方太受欢迎，会有成百上千只石蜂在此筑巢。如果只有一只石蜂——这种情况不在少数，那么西西里石蜂就会找个近便的角落安家，只要那里足够结实和暖和。至于底面的材质，它们倒是不怎么在乎。我曾经看到它们在裸露的石头、砖块和百叶窗的板条上，甚至在棚屋的窗玻璃上筑巢。对它们来说唯一不合适的，就是我们墙上的泥灰。西西里石蜂和高墙石蜂一样小心谨慎，它们才不会把蜂巢筑在有可能掉落的地方呢，万一小窝毁了怎么办？

西西里石蜂常常会选择完全不同的筑巢地点，它那沉甸甸的灰泥砌成的房子似乎需要结实的岩石来支撑，可是它却把房子建在空中。

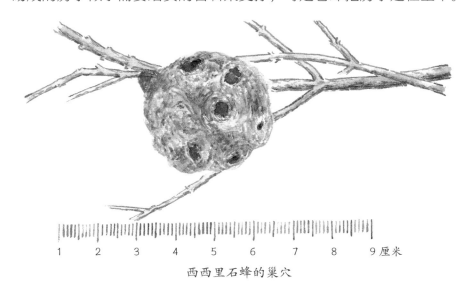

1　　2　　3　　4　　5　　6　　7　　8　　9厘米

西西里石蜂的巢穴

关于这一点，我一直没有找到满意的解释。任何一种灌木的枝条都可以作为支撑——山楂、石榴、刺马甲子……蜂巢通常建在一人高的位置。要是圣栎或者榆树，位置可能会更高一些。它们愿意在浓密的灌木丛中选一根麦秆那么粗的嫩枝，就在窄窄的细枝上构筑自己的"大厦"，使用的材料和建在阳台或者屋顶飞檐下的"大厦"一样。建成后，蜂巢成了一个泥球，树枝从泥球中间穿过。一只蜂造的巢和杏子一般大，若是几只蜂一起造的巢，就会有拳头那么大，不过后一种情况很少见。

两种石蜂使用的材料相同，都是石灰质的黏土，混着一点儿沙子，再靠石蜂自己的唾液搅拌成泥团。虽然在潮湿的地方收集泥土比较容易，还可以节约搅拌所需的唾液量，但石蜂一点儿都不喜欢湿润的泥土，就像我们的建筑工人不使用早已失去成型性的灰泥和石灰一样。这些材料一旦吸饱了水分，就会失去凝固特性。石蜂需要的是干土。干土能够充分吸收吐出的唾液，和后者中的蛋白质成分一起形成能够快速凝固的天然水泥，原理类似我们用生石灰和鸡蛋清混合得到的水泥。

西西里石蜂喜欢在人来人往的大路上采集干土，那里的铺路材料是像白垩一样的硬土，被来来往往的轮子碾轧，表面平整得像一块石板。不论是在灌木的细枝上，还是在农家屋檐的庇护下筑巢，它们都会飞到附近的道路上寻觅建筑材料，川流不息的人流和牲畜从来不会吓跑石蜂。就算烈日把路面晒得发烫，也不会影响忙着采集干土的石蜂。这边是农场，是石蜂的建筑工地；那边是道路，是石蜂的采石场；它们在两者之间穿梭不停，哼着小曲来来回回。它们飞得又直又快，在空中划出一道道尾迹。那些飞向蜂巢的石蜂抱着小弹丸一般大的胶泥，而飞回大路的石蜂又立刻扑到最干、最硬的地方。它们颤抖着身体，用上颚刨地，用前爪扒土，扫起干土和沙粒，混着唾液在牙齿间搅成硬硬的泥团。石蜂工作起来太过投入，宁肯被过往的行人踩坏身体，也不愿意放下手中的活儿。

然而，高墙石蜂离人类的聚集地较远，它们不喜欢热闹，很少在熙熙攘攘的道路上出现，也许是因为那里离它们的建筑工地太远。只要它们能找到富含小沙砾的干土，并且离选为筑巢地点的卵石不太远，这就足够了。

高墙石蜂可以在一个崭新的地点造一座新巢，也可以把老巢翻新。让我们先来看看第一种情况。在选好一块卵石之后，高墙石蜂用大颚衔着一小团泥飞过来，把泥球铺到石基表面一个圆形的平台上。前足和大颚是这位石匠的主要造房工具，一点儿一点儿吐出的唾液可以让筑巢材料保持塑性。为了让泥巴变得更结实，石蜂要趁泥球柔软的时候在泥球外表面嵌上一粒粒小豆子那么大的带有棱角的沙砾，这是整个蜂巢的基础。接着，石蜂会在上面一层一层地裹上新鲜的泥土，直到巢室的高度达到两三厘米。

人类的房子是用石头一层层垒起来的，最后用石灰凝成一个整体。从这一点上看，石蜂干的活儿和我们人类很像。为了节约劳力和砂浆，石蜂会使用一些很粗糙的材料，大块的沙粒对它来说，相当于人类建筑中使用的毛石。它仔细地逐个挑选，选出最硬的石块。这些石块通常有棱有角，彼此支撑，使建筑物形成牢固的整体。然后石蜂小心翼翼地涂上层层胶泥，将石块粘在一起。看上去，巢室的外表面很是粗糙，和乡下的土房子一样，石块的棱角不规则地突出于墙面；不过内表面就光滑多了，覆盖在内表面上的纯粹是泥浆，这样就不会伤害到幼虫细嫩的皮肤了。不过，内表面的涂料也没有多精致，看上去就像舀了一勺泥浆泼上去一样。所以幼虫在饮完蜜浆之后，得造个茧，为这粗糙的墙壁铺上一层丝毯。而条蜂和隧蜂的幼虫不会织茧，所以这两种野蜂要把巢室的内壁雕琢得就像打磨过的象牙。

条蜂

巢室的轴线总是与地面大致垂直，开口朝上，这样花蜜才不会流出来。不过根据支撑底面的差异，巢室的形状会略有不同。如果建在水平面上，巢室就会像椭圆形的塔一样逐层升高；如果建在竖直或者倾斜的表面上，巢室就会像竖着劈开的半个套筒。在后一种情况下，卵石既是支撑物，也是外墙。

巢室建完后，石蜂立即着手采集食物。周围的花朵，尤其是五月里把山涧谷地的卵石装点成一片金黄的金雀儿，给石蜂带来了蜜糖和花粉。看，石蜂嗉囊中装满花蜜，肚子底下裹着黄黄的花粉飞回来了。它首先将脑袋扎进巢室，几分钟后你会看到石蜂的身体猛然抽动了几下，表明它把花蜜吐了出来。排空嗉囊后，石蜂从巢室钻出来，接着又立刻钻了回去。不过这一回是倒退着进去的，石蜂用两只后足使劲摩擦肚子的下侧，把身上裹的花粉刮下来。接着它再次退出巢室，并再次脑袋朝前钻进巢室。现在它用大颚作勺，把花粉和花蜜均匀地混合在一起。石蜂不是每次采完蜜回来都搅拌，只有经过较长的时间，积累了充足的材料之后，才需要进行搅拌。

只要巢室半满，食物采集过程就算结束。石蜂在混合而成的膏状物顶部产卵，随后封闭巢室。这些工作进行得十分紧凑。巢室的盖子由纯泥浆制成，石蜂由外至内一点儿一点儿做出盖子。如果天气不是太坏——下雨或者哪怕是阴天也会影响工程的进度，不出两天，所有这些事情就能全部搞定。接着，背对第一间巢室，石蜂又以同样的方式建造第二间巢室。然后是第三间、第四间……每间巢室都被搁上花蜜和卵，并且在下一间巢室动工之前都会封闭。石蜂做事有头有尾，决不会丢下建了一半的巢室就开始造下一个。它一定会有始有终地完成全部四道工序——建筑、准备食物、产卵和封闭巢室，再开始谋划下一间巢室。

高墙石蜂喜欢在自己选定的卵石上独自工作，要是别的石蜂落在同一块卵石上，它会戒心十足。通常情况下，一块卵石上紧紧相连的巢室只有六到十间，难道一只石蜂只能产八枚左右的卵？还是说事后石蜂又去别的地方造更多的巢，产更多的后代？石头上足够宽敞，如果石蜂想产更多的卵，多建几间巢室也未尝不可。在这儿，它们可以松松快快地筑巢，用不着费劲寻觅下一个地址，也用不着离开已经习惯的石头。因此，在我看来，高墙石蜂的家庭很可能是小型的，一块石头已经足以容纳，至少在新盖蜂巢的时候应该如此。

六至十间巢室共同构成一座牢固的住宅，外表面覆盖着简朴的石子。外墙和盖子的厚度至多只有两毫米，看起来很难保护幼虫度过严冬酷暑。这座蜂巢就光溜溜地待在石头上，得在露天度过一年四季。夏天的炎热会让每一间巢室变成闷热的火炉；秋天的雨水又会慢慢腐蚀蜂巢；到了冬天，风霜会把秋雨没有侵蚀的部分冻裂……水泥再坚硬，能抵抗得住所有这些破坏吗？即使蜂巢能抗得住，躲在薄墙后面的幼虫能受得了夏天的酷暑和冬天的严寒吗？

石蜂从不争辩，默默地做着自己。建好所有巢室之后，它会在整个蜂巢的外表面裹上一层厚厚的外壳。外壳用防水隔热的材料制成，同时还能抵抗湿气、酷热和寒冷。这层材料就是石蜂用唾液和干土混合而成的胶泥，不过这一次里面没有掺杂石子。石蜂把泥一点儿一点儿地抹上去，再一下一下地压实，直到在蜂巢外形成足足一厘米厚的壳，完全裹住所有巢室。现在，蜂巢看起来就像个圆顶的房子，有半个橙子那么大。粗粗一看，还以为是一团泥被谁砸在了石头上，在那儿变成一块干泥。从外表看，根本猜不出里面是什么——看不到巢室的模样，也看不到石蜂的手艺。对于一双没有受过训练的眼睛来说，这不过是一坨随便堆在那里的泥土，毫无奇特之处。

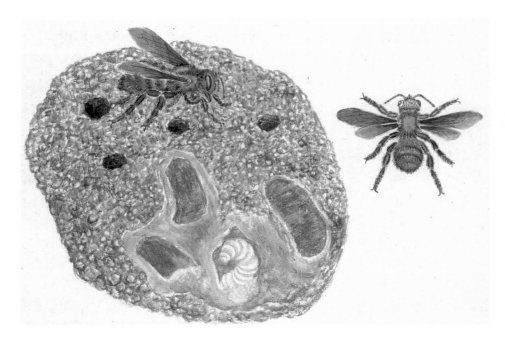

高墙石蜂和巢

　　外壳固化的速度很快，这一点和我们盖房子用的水泥一样，现在蜂巢硬邦邦的，犹如一块石头。没有锋利的刀就别想挖开这座房子。总而言之，蜂巢最终的形状一点儿都不像原来的样子。一开始是用灰泥装饰得像角塔一样的巢室，而成品却是圆溜溜的一块泥，简直判若两物。不过只要刮去水泥外壳，不难发现藏在里面的巢室和细腻的泥层。

　　与在未被占用的石块上构筑新巢相比，高墙石蜂更愿意翻新旧巢，前提是经过一年的风吹雨打，旧巢没有遭到明显的破坏。石蜂的筑巢手艺十分精湛，胶泥固化形成的圆顶看起来跟刚建成时的样子差不多，只是这上面多了一些圆圆的小孔，这些小孔直通到上一代幼虫居住的巢室。这样的旧宅只要小小地翻修一下，就可以继续使用，能节约大把的时间和精力。石蜂到处寻觅这样的旧巢，只有在找不到的情况下才会下决心造新的。

住在同一座圆顶房子里的居民都是兄弟姐妹，既有红色的雄蜂，也有黑色的雌蜂，它们都是同一只雌蜂的后代。雄蜂的生活总是无忧无虑，它们不会筑巢，也懒得光顾泥房子，除非是为了向雌蜂求爱。那些早已废弃的泥房子与它们有什么相干？它们只想要花朵里的蜜糖，却从来不想劳动自己的大颚搅拌泥浆，家庭的重担全部由年轻的妈妈承担。谁会继承妈妈留下的旧宅呢？当然是女儿们。它们应该拥有同等的继承权——自从废除了蛮荒时代的长子继承传统以来，人类的法律就是这样规定的。不过，石蜂还没有摆脱古老的财产继承恶俗——房子归第一个占有者所有。

　　于是，当产卵季节到来时，第一个占据空巢的石蜂会在那儿安营扎寨；要是有哪位姐妹或者邻居胆敢后来居上，一定会被它一顿穷追猛打，直到不得不飞走。巢室就像圆顶房子里的一座座水井，其实石蜂自己只需要一间，不过它算计着不久之后可以用剩下的巢室放卵，于是高度警惕地盯着每一间巢室，把所有造访者统统赶出去。事实上，我从来没见过两只筑巢蜂共同栖息在一块卵石上。

　　翻新工程非常简单，石蜂对旧巢检查一番，看看哪些部分需要修补。它扯下挂在墙上的茧丝，移走上一位房客出门时在天花板上打孔留下的土屑，在破损的地方涂抹泥浆，把出口修补一下，就大功告成了。下面的步骤是采集食物、产卵和封闭巢室。在所有巢室挨个封好之后，就剩下外壳了。如果有必要，石蜂会对圆顶房子的外表面进行小修小补。到此为止，工程全部结束。

　　西西里石蜂不喜欢离群索居。在草料棚的瓦片下面或者屋顶的角落里，经常能见到成百上千只西西里石蜂。严格说来，它们算不上真正的群居。真正的群居需要所有成员拥有共同的目标，而西西里石蜂只是聚在一起罢了。每一只石蜂自顾自忙碌，完全不管其他石蜂在做什么。换言之，这一大群劳动者让人感觉像一窝蜂，只是因为数量多和工作热情高。西西里石蜂使用的胶泥和高墙石蜂的一样,固化之后都既防水又坚固,不过前者的更细腻,里面也没有碎石子。西西里石蜂同样会首先考虑旧巢,然后修缮每一间空出来的巢室,储存食物并封闭巢室。然而,蜂的数量每年都在急速增加,旧巢中的巢室肯定远远不够用。于是西西里石蜂在藏着旧巢室的蜂巢表面又盖起新巢室,以备产卵之需。巢室水平排列,或者一个挨着一个,并没有特别的秩序。每位建筑师都有足够的自由空间,只要不碍着邻居,它们就能照自己喜欢的方式筑巢;不过一旦越界,它们就会被对方粗暴地告诫不要忘了规矩。所以,在这片工地上,巢室以随意的方式堆砌着,毫无章法。蜂巢的形状很像从中间竖着劈开的半个套筒,外墙要么是旁边的巢室,要么是旧巢的外壳。蜂巢的外表面相当粗糙,一层层砌缝纵横交错;内墙虽然平坦,但算不上光滑,往后,幼虫会用茧弥补这个缺陷。

每间巢室完工后,西西里石蜂会立即填上食物和产卵,并密封起来——这一点和高墙石蜂很像。在五月的大部分时间里,它们都在忙这些事情。终于,所有卵都安顿好了。这群石蜂分不清哪些巢室是自己的,哪些巢室是别人的,大家一起动手为所有巢室盖上保护层。这层厚厚的胶泥填满了沟沟壑壑,盖住了所有巢室。最后,整个蜂巢变成了一块干泥制成的板子,表面有很多不规则的凸起,中间部分较厚,那里是蜂巢最开始的核心部分,边缘部分较薄,那里只有新造的巢室。劳动者的数量和老巢的年头不同,板子的大小也各不相同。有的蜂巢还不如人的巴掌大,有的却能占到屋檐的大半部分,面积达几平方米。

单枪匹马工作也很常见。西西里石蜂会以同样的方式在废弃的百叶窗、石块或者灌木的细枝上筑巢。比如,当它想在一根细枝上筑巢时,就会首先把巢室的底部牢牢粘在纤细的支撑物上,接着一层一层地搭起外形像角塔一样的建筑物。为第一间巢室装好食物并密封之后,就开始倚着第一间巢室和细枝建造下一间。六到十间巢室就这样一间挨一间地排在一起。最后用一层胶泥包裹所有巢室以及为整个蜂巢提供牢固支撑的细枝。

雌性西西里石蜂和巢

第二节

石蜂的本能：前人的实验

　　因为高墙石蜂的巢穴通常建在小卵石上，所以想带到哪里就带到哪里，从一个地方搬到另一个地方不是难事，不会影响建筑者的工作，也不会打搅巢室里的居民，这就给用它们做实验带来了便利。只有通过实验，我们才能了解石蜂的本性。为了研究昆虫的习性，光靠在自然环境下偶然发现的现象还不够，观察者必须学会如何去创造各种不同的条件，然后通过多次替换和交换条件来研究昆虫。总之，为了给科学理论提供坚实的事实依据，观察者必须进行实验。在证据面前，充斥在各种书籍中的荒诞不经的理论就会原形毕露。例如，圣甲虫呼唤同伴帮助自己把粪球从车辙里拉出来；飞蝗泥蜂把捉到的苍蝇弄碎以便减小飞行时的阻力……除此之外，还有许多被反复引用的错误言论。这些是人们想象中的昆虫世界，实际情况并不是这样。因此，我们必须积累数据，希望

飞蝗泥蜂

022

有一天，这些数据能够为智者所用，帮助他们推翻这些毫无根据的臆断。

　　总体来说，雷奥米尔采用的方法局限于在自然条件下揭示昆虫的行为，他没有尝试过采用人为制造的条件来深入一步探究昆虫的奥秘。在他那个时代，科学尚处于萌芽状态，需要探索的领域实在太多，这位功勋卓著的"收割者"只做了最迫切要做的事情——收割庄稼，而把进一步考察谷粒和谷穗的工作留给了后人。不过，在谈及高墙石蜂的时候，雷奥米尔提到自己的朋友，著名农艺化学家、《农业要论》的编撰者蒙梭（1700—1782）做过的一个实验。将石蜂的巢置于玻璃漏斗中，用一块纱布蒙上漏斗嘴。从蜂巢里钻出三只雄蜂，它们能突破硬如磐石的水泥，却完全没有想到要钻破，或者根本没法钻破薄如蝉翼的纱布。这三只石蜂最后死在了漏斗之中。于是雷奥米尔评论说，昆虫通常只知道去做在自然条件下不得不做的事情。

　　依我之见，这个实验有两点瑕疵。其一，让工人们带着足以切割花岗岩般坚硬的水泥的工具去切开一块纱布，这在我看来不算什么好主意——我们总不能要求挖土工用鹤嘴锄做裁缝用剪刀做的工作。其二，透明的玻璃囚笼是个很糟糕的主意。石蜂钻出厚厚的水泥房子，眼前一片光明，对它们来说，光明意味着彻底解脱和自由；不幸的是，它们撞到了看不见的障碍物——玻璃上。对它们来说，玻璃是虚无的，但偏偏挡住了前进的道路。它们看到远处那沐浴在阳光下的自由空间，想竭尽全力飞过去，却不知道所有努力都是徒劳，因为这看不见的奇怪障碍物根本无法突破。最后，它们精疲力竭而死，压根没注意到堵住锥形容器顶端的纱布。必须改变条件把这个实验重做一遍。

　　我选择的障碍物是普通牛皮纸。牛皮纸足够厚实，足以让石蜂看不到光明；同时它又足够薄，不至于给小囚徒出逃造成太大的压力。由于纸张和水泥天花板的性质截然不同，让我们先来看一看高墙石蜂是否知道，以及是否能够穿过这样的障碍物。石蜂的上颚是能够凿穿硬水泥的鹤嘴锄，那么它是否也能像剪刀那样切开薄膜呢？这是我们首先要搞清楚的。

二月是收集昆虫的好时节，我从巢室中完好无损地取出一定数量的茧，一个个分别插到芦苇秆里。芦苇秆的一端恰好是天然屏障——分节，另一端则是开口的，这些芦苇秆就相当于巢室，放置茧的时候要确保虫子头部朝向开口。接着，我用不同的方式将这些人造巢室封闭起来。有些是用泥捏的塞子，它们固化后和天然巢穴的泥制天花板一样厚、一样结实；另一些是用至少一厘米厚的高粱秆；还有一些是用扎得严严实实的牛皮纸封起来的。我把封好的芦苇秆一个挨一个地竖直摆在盒子里，人为制造的屋顶冲上，因而石蜂的姿势应该和它们在蜂巢里的时候一模一样。为了开出一条通路，它们就得在没有人干预的情况下突破头顶上的天花板。我把整个实验装置放到玻璃钟罩底下，等待着它们出茧的时节——五月的到来。

实验结果远远超出预期：我亲手制造的泥塞子被掏了一个圆孔，直径跟石蜂在天然泥房子顶上挖出的洞一样大；植物做的塞子，即高粱秆，虽然对小囚徒来说是新生事物，上面竟然也有一个口子，看似是用穿孔机打出来的；最后，牛皮纸塞子上同样出现了一个清晰的圆孔，显然不可能是石蜂通过冲撞和撕扯弄出来的。所以，我的这些石蜂完全能做本能以外的事情。从芦苇秆制成的巢室里钻出来是它们的先辈从来没干过的事情，它们凿开高粱秆的外壁，在纸质障碍物上穿孔，就像它们在天然泥房子顶上打洞一样。当解放自己的时刻到来时，障碍物的质地根本不成问题，只要它们有能力战胜。因此，纸质障碍物显然不会对石蜂构成障碍。

除了芦苇秆制成的巢室以外，我在玻璃钟罩底下还放了两个待在卵石上原封未动的蜂巢。我在其中一个蜂巢上放了一张牛皮纸，牛皮纸紧紧贴在泥房子顶上。要想出来，石蜂必须首先刺破泥房顶，再穿过牛皮纸，二者之间没有任何间隙。在另一个蜂巢上，我将牛皮纸做成圆锥形，粘在卵石上。和前一种情况一样，石蜂要穿过双重障碍——一层是泥，一层是纸；不一样的是，这两堵墙并非紧紧贴在一起，而是在圆锥底部相隔大约一厘米的距离，越往上空隙越大。

两组实验的结果大不相同。在与纸墙紧紧相贴的蜂巢里的石蜂能顺利穿过双重障碍，在外层纸墙上留下一个清晰的圆孔，和我们用芦苇秆巢室做实验看到的情况一样。于是我们再次证明，石蜂被纸挡住的原因不是它没有能力穿过这层障碍。而在那些罩着圆锥形纸筒的蜂巢里的石蜂越过泥房子顶之后，遇到了不远处的纸，它们甚至没有尝试一下去穿过这层障碍，这对它们来说根本就是轻而易举的事情——这层纸紧贴在蜂巢上时并没有给石蜂造成多大的障碍。就这样，石蜂死在了纸罩子底下，没有做出任何尝试逃脱的努力。雷奥米尔笔下的石蜂也是这样死在玻璃漏斗里的，尽管它们只需要穿过一层薄纱就能获得自由。

这些实验结果对我来说很有意义，为什么？石蜂是强壮有力的昆虫，穿过花岗石对它们来说就跟玩儿似的，软木塞子和纸做的塞子也没有问题，尽管后两种材质对它们来说是全新的。可是这些强壮的凿壁者却傻傻地死在纸做的监狱里，其实它们只要用大颚一咬，就可以解放自己——它们完全有能力撕开纸袋，却没有这么做！对于这种自杀式的无为，或许只有一种解释。石蜂生而具有钻孔工具和完成变态过程最后一步的本能——从茧和巢室里钻出来。它的大颚具有剪刀、锉刀、鹤嘴锄和撬棒的功能，能帮它剪开、捅破、摧毁茧、泥房子以及用于取代天然蜂巢的其他覆盖物，只要这层覆盖物不是太过坚硬。但是除此之外还有一个重要条件，没有这个条件，石蜂的所有工具都毫无用处。这是一种促使石蜂使用工具的神秘刺激因子，在这里，我不想将这描述为使用工具的意愿。当出巢时刻到来时，刺激因子就被唤醒，石蜂开始动手挖通道。这时，不管要刺破的材料是天然水泥、高粱秆还是纸，对石蜂来说都无关紧要。囚禁它的盖子总是不堪一击，甚至它也不在乎这层障碍物是不是变厚了，泥墙外面是不是还有一层纸墙——对石蜂来说，两层紧紧贴在一起的障碍物就等于一层障碍物，因为寻求解放的动作可以一次完成，也只能一次完成。当使用圆锥形的纸罩子时，虽然纸墙和泥墙的总厚度没变，但条件发生了改变，两堵墙之间隔开了一小段距离。一旦钻出泥房子，石蜂就完成了为寻求解放而准备要干的一切。在泥房子的圆顶上自由活动就意味着最终的自由，意味着钻孔工作圆满结束。如果在蜂巢外面出现一圈新的障碍物——纸做的墙，那么要想在上面钻孔，石蜂就必须重复刚才完成的动作。但是，在石蜂一生中，这样的动作只能实施一次。简言之，为了解放自己，它必须把一生中只做一次的动作再做一遍，它办不到，原因很简单——它不愿意这么做。如果石蜂稍微有一星半点儿智慧，也不至于死掉。然而今天，人们总想从这一丁点儿智慧中找到人类智慧的起源！这股潮流终将过去，事实才是最终的胜利者；还是回到那古老的观点——万物有灵，死生有命吧。

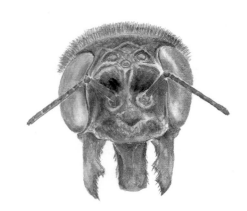

石蜂的大颚

雷奥米尔还告诉我们：有一次，他的朋友蒙梭用镊子从蜂巢里夹出一只石蜂，当时石蜂半个身子埋在巢室里，脑袋冲前，正把花粉团塞进窝里。蒙梭把这只石蜂关进离捕获地点较远的一个壁橱里，石蜂从那儿逃脱，飞出窗户。蒙梭立刻赶往蜂巢，发现石蜂和他同时抵达目的地，并重新开始工作。这位叙述者最后说：看上去石蜂只是受了点儿惊吓而已。

哦，尊敬的大师，您为什么没有和我在一起呢？在这里，在埃格河畔，一年四分之三的时间里暴露着大片卵石，只有雨季到来，才会被河水淹没。在这里，我可以给您看看远比镊子底下的逃犯更有趣的东西。您将不仅仅看到石蜂如何从离田野最近的房间飞出，在熟悉的环境里径直返回附近的蜂巢，还将看到石蜂如何飞越遥远而陌生的田野——您一定会和我一样惊叹于如此壮景。您将看到，那些被我放到远离蜂巢的陌生地方的石蜂，完全能够自己飞回家去，其认路的本领堪比燕子、雨燕和信鸽。您一定会像我一样发问，到底是什么样深不可测的导航能力能让母亲找到自己的蜂巢？

为了一探究竟，让我们对高墙石蜂进行一次实验吧。将石蜂装进暗箱，带到远离蜂巢的地方，在石蜂身上打上标记，然后让它飞走。要是有谁想亲自尝试一下，我愿意把我的实验方法传授给他，这样他会少走些弯路。对待一只即将进行远途飞行的昆虫，我们得轻拿轻放。不能用镊子，也不能用钳子，因为这些工具可能会伤及它的翅膀，扭断它的筋骨，削弱它远途飞行的能力。我会趁石蜂在巢室里埋头苦干的时候，悄悄罩上一只小小的玻璃试管。这样，石蜂想要离开蜂巢时，就会撞进试管里。事不宜迟，我马上将石蜂转移到纸杯里，然后迅速封住开口。整个过程中，我都不会碰到石蜂。最后，我背上植物标本盒——一个马口铁盒子，带着单独分装在纸杯里的小囚徒上路了。

最难办的活儿是为每个小囚徒打标记，这个可以留到它们出发之前在放飞地点做。我把细白垩粉溶解在高浓度的阿拉伯树胶中，然后用麦秆蘸取混合溶液，在石蜂身上点一个白点。溶液很快风干，白点留在毛茸茸的身体上。如果是为一个短期实验而给石蜂做标记（下面我将提到），我会趁石蜂脑袋冲下、身子半埋在巢室中时，用麦秆轻轻点一下腹尖。石蜂完全没有察觉，仍旧专心致志地工作着。不过，这个标记不太牢固，不适于时间较长的实验。因为石蜂需要不时地摩擦腹部，好把花粉刷下来，这个标记点早晚会被擦掉。在远途飞行实验中，我采用了另一种方法——将黏糊糊的白垩混合液点在两翅之间胸部正中的位置。

干这个活儿戴不了手套。石蜂动个不停，手指必须足够灵活才能制服它，还不能捏得太用力。谁都明白，实验可能别无所获，不过倒是很有可能被石蜂蜇上一口。通过一些技巧或许能避开石蜂的蜇咬，但不一定总能成功。你得适应这一点，幸好被石蜂蜇远没有被蜜蜂蜇那么疼。好了，白点已经点在石蜂的胸部，它飞走了，飞不了多久白点就会变干。

实验用的两只高墙石蜂是我在离塞里尼昂不远的埃格河冲积地捉到的，当时它们正在卵石上的蜂巢里忙碌。我把它们带回奥朗日的家中，做上标记，然后放飞。根据全国地形测量局绘制的地图，两地之间的直线距离约为四千米。我是在夜幕降临的时候将它们放飞的，那时正是石蜂结束一天的工作准备休息的时刻。所以，这两只石蜂很可能得在放飞地点附近过夜。

第二天早上，我去埃格河畔的蜂巢检查。天气很凉，还不能工作，等露水干了，石蜂才会开工。我看到一只身上没有白点的石蜂带着花粉来到其中一个蜂巢，那个蜂巢的主人是两只被我放飞的石蜂中的一只。新来者发现了一间空空的巢室，便闯了进去，准备安营扎寨，它不知道这间巢室其实早有主人，只不过主人遭到了放逐。也许从昨天晚上开始，新来者就在储备食物了。上午十点左右，艳阳高照的时候，

028

巢室的女主人突然回来了。对我来说，它的房主身份是毋庸置疑的，因为在它胸部画着一个白点。这是我放飞的其中一只石蜂。

　　穿过起伏的麦浪，穿过开满粉红的红豆草花的田野，这只石蜂飞了整整四千米。现在它终于回来了，回到了属于自己的家。一路上，它还在寻觅食物，这个勇敢的小生灵肚皮上满是黄黄的花粉。从遥远的地方找回老家是一件了不起的事，回家的时候身上还裹满花粉更非同一般——一次旅行，哪怕是一次被迫的旅行，也会满载而归。

高墙石蜂访花

　　不幸的是，它在蜂巢里发现了一个陌生的来客。

　　"这是我的家，你是谁？看我不把你揍扁！"

029

房主人愤怒地冲向入侵者，可怜的入侵者也许并不是有意冒犯。两只石蜂在半空中你追我打，还时不时地一起悬在半空中，就相隔几寸远，一动不动地相互对视，显然是在用眼神逼退对方，用嗡嗡的叫声辱骂对方。然后，它们纷纷飞回有争议的蜂巢，先是一只，然后是另一只。我猜想它们一定会伸出毒针展开肉搏，遗憾的是，我没猜对。对它们来说，完成母性的天命要比为了洗刷耻辱冒死来一场决斗重要得多。整个打斗过程仅限于怒目相视和无关痛痒的推推挡挡。

高墙石蜂争巢

　　不管怎样，真正的主人从它的权利感中汲取了双倍的勇气和力量。

030

它牢牢地占据蜂巢，一旦对手胆敢靠近，它就愤怒地扇动翅膀，理直气壮地表达自己的义愤。最后，陌生来客失去了勇气，黯然退出战场。房主立刻恢复了工作，它精力充沛，一点儿都不像刚刚经历了长途跋涉。

关于这场财产争夺，我还想说几句。这种情况其实并不少见，当一只石蜂外出觅食时，常常会有无家可归的流浪者前来叩门。它们要是看中了这个地方，就会留下来，有时住在房主原来待过的巢室里，有时住在隔壁——因为老巢常常会有好几间巢室空着。不过，只要房主归来，它的权利感是如此强烈，如此不可战胜，一般情况下总能成功驱逐入侵者。普鲁士人有句名言"力量胜过权利"，不过，在石蜂的世界里，情况恐怕刚好相反，要不落荒而逃的为什么总是入侵者呢？而且它的力量一点儿也不比房主小。如果说入侵者在气势上略输一筹，那是因为它知道自己得不到道义上的支持。即便在低等生物中，这种权利感也能让房主在同类中昂首挺胸。

从第一个旅行者归来的那一天起，过了一天又一天，另一只被我放飞的石蜂始终没有露面。我决定再做一次实验，这一次，我要准备五只石蜂。出发地、目的地、飞行距离、放飞时间都没有任何变化。第二天，五只石蜂中有三只飞回了蜂巢，另外两只不见了。

根据实验结果，我们可以确定，被带到四千米以外、从陌生地点被放飞的高墙石蜂有能力找回自己的巢穴。可是，为什么第一次实验时两只石蜂中的一只、第二次实验时五只石蜂中的两只没有飞回来呢？为什么有些石蜂能做到而另一些却做不到？难道是因为它们的飞行能力有所不同吗？我想起那些石蜂出发时状态各不相同：有些刚离开我的手指就猛地飞到空中，转眼间就看不见了；有些跌跌撞撞地飞出几步，就掉了下来。很明显，后一种情况一定是在运输过程中受了伤，也许是因为盒子里太热了，也许是因为我在做标记时碰坏了它们的翅膀，一边防备被蜇一边做标记真挺困难的。一旦石蜂的身体有了残缺，它们就只能在长满红豆草的原野上苟延残喘，没有足够的力量完成长途飞行。

　　实验必须再来一次。这一次只考虑干净利索从我手指间飞走的强者，而那些犹豫不决、懒懒散散、刚起飞不久就栽到灌木丛里的石蜂没有被计入总数。其次，我还得尽量统计出它们返回蜂巢所需的时间。要做这样的实验，就需要大量的石蜂——因为受伤和身体虚弱的石蜂不一定占少数，必须把这些石蜂排除在外。附近高墙石蜂的数量不够多，满足不了我的需要，而且我也不想过多地破坏埃格河流域的这个不大的石蜂群落，以后我还想做别的实验呢。幸运的是，在我居住的地方，在一座草料棚的飞檐底下，寄居着一大群活力四射的西西里石蜂。这里"蜂口"众多，想要多少只就能捉到多少只。西西里石蜂个儿小，还不到高墙石蜂的一半。不过没关系，只要它们能从四千米以外的地方飞回来，就不枉我在它们身上花费的一片苦心。我捉了四十只西西里石蜂，像之前那样，我把它们一只只分别装在不同的纸袋里。

　　为了够到蜂巢，我搬来一架梯子靠在墙边，这样我的女儿阿格莱就能爬上去，帮我记录第一只石蜂飞回来的确切时刻。我把壁炉架上的座钟和手表上的时间调成一致的，这样就能够比较石蜂的出发时刻和到达时刻了。一切准备就绪，我带着四十个小俘虏来到高墙石蜂的劳动地点——埃格河冲积地的卵石河床上。这次旅行有两个目的：观察高墙石蜂和放飞西西里石蜂。从埃格河冲积地到我家，西西里石蜂同样需要飞越四千米才能返回老家。

　　看，我的小囚徒们出发了，每一只的胸部中间都点着一个大大的白点。

　　逐个制服这四十只狂躁的石蜂可不是一件优哉游哉的事，要知道它们能迅速伸出毒针，向敌人发动进攻。很多时候，我还没来得及给石蜂做上标记，就已经被它狠狠蜇了一口。尽管我一直在努力控制，可是我那灵敏的手指总是免不了做出自卫的动作。我对自己的关照胜过了对石蜂的保护。有时候一不小心，就用力过猛了。如果这项实验能为我带来哪怕是一点儿真理的曙光，那我也愿意为了这一高尚而美好的事业置危险于不顾。不过在很短的一段时间内手指被蜇上四十来下，还真有点儿让人耐不住性子。要是有人谴责我用力太猛，我一定会建议他亲自试一试，这样他就能对我的处境做出公正的评判了。

或者因为运输过程中身体劳顿，或者因为我的手指用力过猛，伤到了石蜂身上的关节，总之，在四十只石蜂中，只有二十只依然能够矫健地飞翔。剩下的石蜂或者摇晃着身子游荡在附近的草丛里，或者停在我放飞它们的柳枝上，就算用麦秆去赶，它们也不肯飞起来。身体虚弱的石蜂和被我的手指伤到的石蜂都必须从名单里删去。能果断飞走的石蜂只有大约二十只，这些已经足够了。

刚出发的时候，它们并不知道应该朝哪边飞，没有一只石蜂能马上找到正确的方向。但是在同样的实验条件下，我发现节腹泥蜂能直着朝老家的方向飞过去。当我放走这些石蜂的时候，它们显得很紧张，有些往这儿飞，有些往那儿飞。然而，在狂飞了一阵之后，我发现开始飞错方向的石蜂很快就会掉过头来，随后绝大多数石蜂都朝着老家的方向飞了过去。不过，我的眼睛只能跟踪石蜂到二十米远的地方，所以情况是不是真的如此，我也不是特别有把握。

起初，天气状况良好，实验进行得很顺利。可是后来，情况发生了变化，天气闷得令人窒息，天空中堆满了乌云。一阵狂风从南面席卷而来，刚好和石蜂飞回老家的方向相反，它们能用翅膀劈开气流逆风而行吗？要想逆风而行，就得贴近地面。采蜜的石蜂就是贴着地面飞的；但是只有飞到高空，它们才能看见地面的全貌。反正换了我，一定找不到家。于是，我在埃格河畔观察了一会儿高墙石蜂之后，就带着对实验结果的重重疑虑回到了奥朗日。

还没等我跨进家门，阿格莱就迫不及待地跟我打招呼，她的双颊因为兴奋而变得通红：

　　"两只！"她喊道，"有两只石蜂两点四十就回来了，肚皮下面还裹着好多花粉！"

　　巧的是，我的一位律师朋友恰好登门造访，这位不苟言笑的先生听到这件事，立刻将法典、文书什么的抛到脑后，一定要亲眼看看"小信鸽"的归来。对他来说，实验结果要比调解公用墙纠纷有趣多了。在毒辣辣的日头下，在棚屋高墙反射的热浪之中，每隔五分钟律师就光着脑袋爬到梯子上看一次，除了一层浓密的灰色头发之外，他什么防晒措施都没有。原来只有我是坚守者，现在又多了两双雪亮的眼睛盯着石蜂有没有归来。

　　我是在下午两点左右放飞石蜂的，第一批找回老家的石蜂于两点四十分到达，也就是说它们花了不到四十五分钟就飞越了四千米，这真是一个惊人的结果！看看它们黄澄澄的肚皮，你就知道它们还顺路采集了花粉，而且在飞行中遭到了狂风的阻拦。随后又有三只石蜂回来了，每只身上都载着好多花粉。显然，这是它们在旅途中的劳动成果。天色渐渐暗了下来，我们的观察不得不停止。太阳落山后，石蜂就会离开蜂巢，躲到犄角旮旯里——或者在屋顶的瓦片底下，或者在墙角。我得等到阳光灿烂、石蜂重新开始工作的时候，才知道剩下的小家伙们会不会回来。

　　第二天，当阳光把这些散落在各处的劳动者召回蜂巢的时候，我对胸部带白点的石蜂展开了新一轮的登记工作。结果大大出乎我的意料，我数到了十五只！前一天被运到陌生地点的小囚徒中有十五只回来了，它们正在蜂巢里储备食物，就好像什么都没发生过。天气条件越来越恶劣，暴风雨终于来临，而且一连好几天都阴雨绵绵，我没办法再计数了。

不过，这个实验已经足以说明问题。在我放飞的二十只有潜力进行长途飞行的石蜂中，至少十五只返回了蜂巢：两只不到一小时就到了，三只是在傍晚时分到的，剩下的则是在第二天早上到的。它们顶着狂风，不过更大的困难是，要从一个完全陌生的地方飞回来。毫无疑问，它们从来没去过我选择的放飞地点——埃格河畔的柳树林，也不会主动背井离乡飞这么远，因为在我家飞檐下筑巢和储备食物的石蜂不用跑多远就能找到所有必需品——墙角的小径能为它们提供泥浆，房子周围开满鲜花的草地能为它们提供花蜜和花粉。它们的时间是那么宝贵，绝不会飞出四千米去寻找离蜂巢几步远就多的是的东西。何况，我每天都看见它们在小径上采集建筑材料，在野花中，特别是鼠尾草的花中采集花蜜。各种迹象都表明，它们的活动范围超不过方圆百米的一片区域。我的小囚犯是怎么找回来的？是什么引导了它们？显然不是记忆，一定是某种特殊能力！我们只能惊叹于这种能力而无法对它进行解释，因为这远远超出了心理学的范畴。

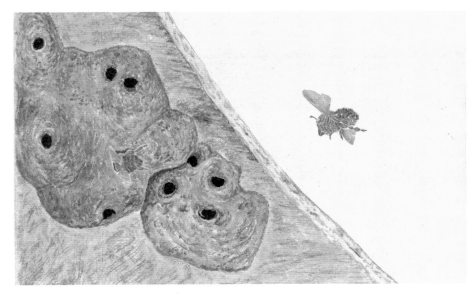

西西里石蜂飞回老巢

石蜂的本能：换巢实验

让我们继续研究高墙石蜂吧！多亏它们把巢穴建在了方便我们挪动的卵石上，让我们能设计各种各样非常有趣的实验。以下是第一个实验：挪动蜂巢的位置，也就是把支撑蜂巢的卵石挪开两米。因为石蜂的巢穴和基石结合得非常紧密，所以挪动卵石不会对巢室造成任何损伤。卵石被我放到和原初位置一样显眼的地方，采蜜归来的石蜂绝不会看不到。

几分钟后，归来的房主人直奔蜂巢原来的位置而去。它在空空如也的巢穴旧址幽幽地盘旋了几圈，然后准确地落在卵石最初的位置上。石蜂在这附近转悠了很久，顽固地搜来搜去，然后展开翅膀飞出一段距离。不过没过多长时间，它就再一次飞了回来。搜索工作重新开始，它走几步，又飞一会儿，始终守着蜂巢原来的位置。后来，石蜂恼羞成怒，猛地一下飞进柳树林，又猛地一下飞回来，重新开始徒劳的搜索，搜索范围永远局限于被挪动的卵石原来的位置。一次次突然离开，又一次次飞回来，反复检查空荡荡的地点……过了很久，石蜂终于确信，它的蜂巢已经不存在了。然而，石蜂明明不止一次看到摆在新位置上的蜂巢。有好几次它还从比蜂巢略高几寸的地方飞过去，可它根本不想多看一眼。对它来说，这绝不是自己的家，一定属于别的石蜂。

往往在实验结束的时候，石蜂也不会朝两三米之外的卵石看上一眼，它就这样飞走了，再也没有回来。如果挪动的距离不太远，比如只有一米，石蜂迟早还是会停在搁着它的小窝的卵石上。它会检查不久前刚刚建成或者刚刚储存了食物的巢室，一次次把脑袋探进去，非常认真地检查卵石的表面……可是犹豫良久，它还是离开了，重新回到老地方继续搜寻。挪了位置的蜂巢注定会被抛弃，哪怕离原来的地点只有一米远。即便石蜂一次次爬到蜂巢上面，它也不会再把这当作自己的蜂巢。对于这一点，我深信不疑——实验过后几天，我看到蜂巢还是原样放在那儿，敞开的巢室里装着半满的蜜浆，任由贪婪的蚂蚁肆意掠夺；尚未建成的巢室依然毫无进展，原来有多少层现在还有多少层。显然，即便石蜂曾经回来看过，它也没有继续在那里劳动。就这样，挪动位置的蜂巢被永远抛弃了。

石蜂能从遥远的地方找回自己的家，却不能识别挪动了一米的老巢。我无法解释这样的怪事，也许上述两种情况存在本质的区别。在我看来，事情或许是这样的：蜂巢的位置在石蜂头脑中留下了根深蒂固的印象，即便巢穴已经挪走，它们仍然会顽固地回到原来的位置寻找，不过石蜂记不清巢穴的样子，认不出自己亲手搭建并用唾液捏合的建筑物，也忘记了自己亲手存在里面的花粉团。它对巢室进行过一番检查，但最终还是选择了放弃，拒绝承认那是自己的作品，其实巢室依旧是原来的巢室，只是稍稍挪动了一点儿位置。

我们必须承认，昆虫的记忆能力非常奇特，它们能记住位置却搞不清自己的家是什么样的。我想我们可以把这种能力称为地形学本能——石蜂对田野的地图了如指掌，却不了解自己心爱的小窝。砂蜂也有类似的特点：一旦蜂巢被打开，砂蜂就再也不关心里面的家庭成员了，那些在烈日炙烤下痛苦得扭来扭去的幼虫对它来说形同陌路。砂蜂只认得蜂巢大门的位置，并且总能准确无误地找到这个位置。蜂巢被打开之后，这个大门便不复存在，甚至连门槛也找不见了。

如果有人对高墙石蜂的这种只认卵石摆在地面的位置、不认蜂巢模样的特点有所怀疑，我可以再提供一个证据。我把一只高墙石蜂的巢穴换成了另一个在外观和储粮量上都十分相似的巢穴。当然此次换巢和接下来提及的几次换巢都是趁房主人不在的时候进行的。石蜂毫不犹豫地把这个不属于自己的巢穴据为己有，只因为这个巢穴摆在了原有巢穴的位置上。如果实验对象在造房，我就把一间正在建设的巢室换给它，它会抱着同样的热情用心完成接下来的工作，就好像那巢室原本就是它的作品；如果实验对象在忙着采集花蜜和花粉，我就把一间已有部分储粮的巢室换给它，它会继续一趟一趟地用嗉囊装满蜜，用肚皮裹上花粉去填充别人的仓库。可见石蜂并没有察觉巢穴已经被换，它压根分不清哪个是自己的财产，哪个不是，它以为自己为之工作的巢室本来就是自己造的。

雌性高墙石蜂和巢

一段时间后，我把石蜂原先的巢穴换了回去。石蜂压根没注意到这个新变化，它在被替换的巢室里做到哪一步，就在换回来的巢室里接着干。当我再次换上别的巢穴时，石蜂依旧按照前一个巢穴的工作进度接着往下干。就这样，在同一个位置，我一次又一次地调换石蜂自己造的巢和别的巢，最后终于证明，石蜂没有能力辨别哪个是自己的作品，哪个不是。只要蜂巢的根基——卵石保持在原来的位置，它就会抱着同样的热情工作，不管巢室是自己造的还是别的石蜂造的。

如果两个相邻的蜂巢工作进度差不多，那么实验结果将更加有趣。我把两个相距不到八十厘米的蜂巢调换了位置。两个蜂巢离得这么近，石蜂完全能够同时看到两个蜂巢并做出选择。可是两只石蜂一飞回来，就各自落到交换后的蜂巢上继续干自己的活儿。随便把蜂巢调换多少次，你都会发现两只石蜂总是停在原来的位置，一会儿为自己造的巢室干活儿，一会儿为别的巢室干活儿。

也许有人会提出，石蜂如此混淆的原因是，两个蜂巢太像了。一开始，我完全没料到实验结果会如此，我担心石蜂不肯来，所以才习惯性地寻找相似的蜂巢进行替换。其实根本没必要如此小心，石蜂压根就没有那么高的分辨能力。后来我干脆调换了两个很不一样的蜂巢，两者唯一的相同之处就是，劳动者能够找到一间与目前工作进度相符的巢室。第一个蜂巢是个老巢，巢顶上有八个孔，代表上一代巢室的八个出口，其中一间巢室已经被修好，石蜂正忙着储存食物；第二个蜂巢是新造的，还没有封顶，只有一间覆盖着灰泥的巢室，主人也在忙着存放花粉团。这两个蜂巢差异巨大：一个有八间空巢室，巢室上面覆盖着圆圆的屋顶；另一个只有一间裸露的巢室，也就只有橡子那么大。

两只石蜂在这两个相距不到一米的蜂巢前没犹豫多久，就各自奔向自己原来的家所在的位置。那只拥有完整旧巢的石蜂现在面对的只是一间巢室。它迅速检查了一下底下支撑的卵石，便满不在乎地钻了进去，首先把脑袋伸进去吐出花蜜，接着倒退着进去捋下肚皮上的花粉。这并不是因为不堪重负才随便找一个地方卸货——因为它很快飞走，一会儿又带着新鲜的食物回来，小心翼翼地存在同一个地方。只要我不干预，它会没完没了地往人家的储藏室里装粮食。而另一只石蜂骤然发现原本只有一间巢室的蜂巢现在变成了由八间房构成的宏大建筑，它颇有些为难：这八间房到底哪间是自己工作了一半的巢室呢？在哪一间里有它存放的花粉团呢？石蜂挨个视察了一番，终于在最里面找到了它想要的东西，即最后一次飞走前存在巢室里的东西——堆在中间的食物。再后来，它就跟邻居一样，把采来的花蜜和花粉统统装进不属于自己的储藏室里。

高墙石蜂检查巢室

我将两个蜂巢恢复原来的位置，然后再一次对调。面对截然不同的蜂巢，两只石蜂在短暂的犹豫之后，就又恢复了工作，它们在自己造的巢室和别的巢室中交替工作，最后产卵，封闭巢室，根本不管装满蜜浆的巢室是不是自己造的。这些情况足以说明为什么我不愿意把石蜂从远处准确无误找回蜂巢的独特能力归结为记忆力，因为石蜂不能够区分自己造的巢和别的巢，不论它们之间有多大的差异。

　　现在让我们从另一个心理学角度对高墙石蜂进行实验。这儿有一只正筑巢的石蜂，它的第一间巢室刚刚动工。我给它换了一间不但早已完工，而且几乎装满蜜浆的巢室，这是我刚刚从另一个房主那里偷来的，眼看那位房主就要在这里产卵了。面对如此丰厚的大礼，石蜂会省去造房和采集食物的工作直接产卵吗？毫无疑问，它会丢下泥浆，停止储存石蜂专用"面包"，直接在里面产卵，然后把巢室封上。然而我们错了，完完全全错了！人类的逻辑不是昆虫的逻辑，昆虫受到一种不可抵抗的、无意识的力量的推动，它们无法更改将要去做的事情，也分不清哪些事情应该做，哪些事情不应该做。它们会义无反顾地按照预先设定的程序做下去，直到最后完成。接下来发生的情况充分证明了这一点。

　　那只正在造房的石蜂并没有因为我送了它一座已经完工并且装满蜜浆的房子就丢下手头的工作。它正在砌房子，工程一旦启动，某种意识之外的力量就会推动它一直做下去，即便这种劳动是无用的、多余的，甚至是有害的。我送给它的巢室已经足够完美，连建筑师自己都这么认为，要不房主怎么会在里面填满蜜浆呢！整修这座房子，还往上面添砖加瓦根本就是做无用功，而且很荒谬。然而，正在砌房子的石蜂依旧自顾自地砌着。在蜜浆库的出口，它抹上第一层泥浆，接着是第二层、第三层，直到巢室的高度比正常水平高出三分之一。砌房子的工作完成了。如果石蜂继续在那间换巢之前已经打好地基的巢室上工作，工作量会比现在更大，不过这个实验已经足以证明石蜂受到了一

041

种不可抗拒的力量的推动。下一步是储备食物，这项工作也有所缩减，不然两只石蜂采来的蜜一定会从蜜浆库里溢出来。因此，即使把一间已经完工并且储满蜜浆的巢室送给一只刚开始造房的石蜂，它也不会改变原有的工作程序——先造房后储粮。只不过它会缩减工作量，因为直觉告诉它，巢室的高度和蜜浆的量已经大大超出了正常范围。

由情况相反的实验得到的结果也同样令人信服。我把一间刚刚动工、还不能盛放蜜浆的巢室送给一只忙着储备粮食的石蜂。在巢室的最后一层，建筑者的唾液还没有干。巢室附近有时会有装着蜜和卵并且刚刚封闭的其他巢室，有时则没有。石蜂带着采集的食物归来，发现原来已经填充一半的蜜浆库变成了还没有完工的浅杯子，一时间茫然不知所措：应该把采回来的蜜放在哪儿呢？它用眼睛看，用触角量，检查一番后，终于不得不承认这个杯子的容量不够大。它犹豫了很长时间，飞走，回来，再飞走，又一次回来，迫不及待地想卸下身上的粮食。很显然，石蜂陷入了困境，我忍不住悄悄在心里说：

"不去找灰泥怎么盖仓库？快点儿去找灰泥！用不了多久，你的储藏室就能装下这些粮食了。"

可是石蜂却不这么想，它正在往巢室里存粮，无论如何也不能半途而废。它绝不会放下花粉刷而拿起泥刀，也绝不会停下自己全身心投入的采蜜工作而去整修一座尚未完工的房子。它也许会另外找一间符合需要的巢室，好偷偷溜进去卸下身上的花蜜，哪怕被狂怒的主人驱赶也在所不辞。果然，它出发了，让我祝它好运吧！是我把它送上这条不归路的，我的好奇心让诚实的工人变成了盗贼。

石蜂想把战利品尽快转移到安全之所的愿望太强烈，太迫切，因而出现更糟糕的情况也不是没有可能。如果石蜂已经造好了自己的仓库并且已经在里面储备了一部分粮食，它就绝不会接受一间没有完工的巢室。正如我前面提到的那样，在没有完工的巢室旁边经常有装着蜜和卵并且刚刚封闭的其他巢室，在这种情况下，有时，但不是经常会发生强拆事件：一旦石蜂意识到半成品无法使用，它就会试图咬开旁边已经封好的巢室的盖子。它用唾液软化泥盖子上的一小片地方，然后耐着性子一点儿一点儿地钻开坚硬的石墙。这项工作进展得实在太慢，半小时过去了，钻出来的小孔才不过针尖那么大。等着等着，我终于失去了耐心。我既然已经认定石蜂这么做无非是为了打开储藏室，何不助它一臂之力？没想到的是，巢室顶部和泥盖子被我一并掀开，边缘处惨不忍睹。由于我的鲁莽，原本精美的花瓶竟变成破破烂烂的瓦罐。

我的猜测得到了应验：石蜂挖土的目的正是为了破门而入。它径直从我掀开的缺口钻了进去，在那间巢室里安顿下来，压根不在意缺口是否平整。它一次又一次地采回蜜浆和花粉，全然不顾储藏室里本来就是满的。最后，它把自己的卵产在其他石蜂已经产过卵的巢室里，然后尽最大努力补好这个破窟窿。可见，这位采蜜者完全没有随机应变的能力。我本来想通过换巢的办法迫使它放下采蜜工作而把半成品砌好，可它非要去做不可能实现的事情。最后，虽然它达到了目的，但是方法极其恶劣：非法侵入其他石蜂的住宅；往满得不能再满的储藏室里塞粮食；在房主已经产过卵的巢室里产自己的卵；最后把需要大修大补的缺口匆匆忙忙填上了事。还有什么证据比这个实验更能证明石蜂被某种不可抗拒的力量所左右呢？

总之，这些一个紧挨一个连续发生的动作就像套环一样，如果第一个动作没有完成，第二个动作就无法开始。黄翅膀的飞蝗泥蜂也是如此：我曾故意把飞蝗泥蜂搬到地穴边沿的蟋蟀挪走，可即使找不到蟋蟀，它也要独自下到地穴里。屡屡遭受打击也没能使它放弃预先检查地穴的步骤，它把检查工作重复了十次、二十次，这根本就是多余的。现在，高墙石蜂的实验再次向我们证明，完成前一个动作是开启下一个动作的必要条件，即便多余也不能省略。对采蜜归来的石蜂来说，储存食物的工作分两步走：第一步，把脑袋伸进巢室，吐出采回来的花蜜；第二步，退出巢室，随即调转身子，肚子朝前再次进入巢室，以便把裹在身上的花粉刷下来。当石蜂准备肚子朝前进入巢室时，我用麦秆将它拨开，于是第二步就干不成了。石蜂不得不重新开始整套动作，也就是说，虽然石蜂已经吐完了所有的花蜜，但为了开启第二个步骤，它必须再次重复脑袋朝前进入巢室的动作，然后才能轮到肚子。我一次又一次地把石蜂拨开，每次它都不得不从脑袋朝前进入巢室的动作开始。你只要愿意，可以让石蜂不停地重复第一步中的动作。在石蜂要把肚子插入巢室的时候加以阻拦，它就只能回到入口，从脑袋朝前进入巢室的动作开始。它有时会把脑袋伸到巢室最里面，有时只伸进去一半，还有的时候只是摆个姿势，稍稍把脑袋弯向入口。虽然石蜂早已吐出花蜜，也就是说，脑袋朝前进入巢室的动作根本就是多余的，但是它在转身卸下花粉之前必须首先完成第一个动作，这就好比一台机械设备，总得齿轮先转，整台机器才能转吧。

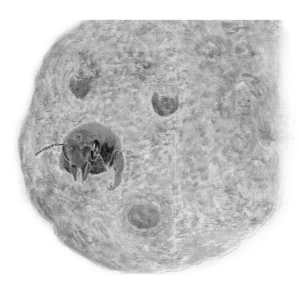

西西里石蜂肚子朝前进入巢室

第二章

蝉

　　蝉是一个巨大的家族，在昆虫学上归入有翅亚纲半翅目（Hemiptera）蝉总科（Cicadoidea）。蝉的一生要经过卵、若虫和成虫三个阶段。卵产在树上，若虫生活在地下，成虫又回到树上。炎炎夏日，没有谁听不见蝉的歌声：知了，知了，夏天到了……

　　蝉为什么能够发出如此嘹亮的声音呢？法布尔曾经绞尽脑汁探寻蝉歌声的由来。原来，雄蝉有一对发声器，位于腹部基部，外部是两块半圆形盖板，盖板下面有一层鼓膜，鼓膜受到拉动会发声。

　　那么蝉为什么要唱歌呢？原来这是蝉求偶的表现。雌蝉虽然也有发声器，但不能发出声音，只有成年雄蝉才能引吭高歌。雄蝉完成交配使命后，很快便会死去。

　　法布尔还发现：蝉一生都以植物汁液为食，绝不会如古老寓言所说的那样，向蚂蚁借"粮食"；相反，蝉常常有恩于蚂蚁——把自己辛苦挖掘的"甜水井"让给蚂蚁。不过现在人们却发现，其实蚂蚁和某些蝉之间更像双赢共利的关系——蚂蚁吸食蝉排出的蜜露，反过来又能驱赶蝉的天敌。

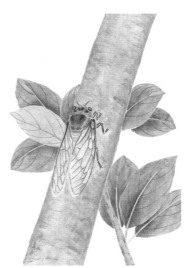

传说中的蝉

　　在动物和人的世界里常常有这样的道理：故事讲的人多了，故事的主角名声就大了。许多事例都可以印证这个道理。假如我们由于这样那样的原因对昆虫故事感兴趣，就会给一些脱离实际的寓言带来可乘之机。

　　我们都知道蝉这种昆虫，就算不曾见过，肯定也听说过。在昆虫世界里，谁能比蝉名声更响呢？蝉有激情澎湃的歌声，且从来不为未来打算，早在我们儿时，这个故事就被一次又一次地运用到早教中了。从几行简短好记的小诗里，我们了解到蝉在冬天里是多么穷困潦倒，也知道它如何向自己的邻居——蚂蚁乞求食物。然而蝉这个注定的乞食者遭到了冷遇。这段不愉快的遭遇家喻户晓，成为导致蝉恶名远扬的主要原因。小诗里有几句是这样写的：

蝉向邻居——蚂蚁乞求食物

　　"唱吧，你唱吧，我好喜欢听啊！既然你夏天唱歌，冬天何不跳舞呢！"

这两句诗对蝉的贬损超过了对其音乐才能的歌颂。诗的内容烙印在我们儿时的记忆中，令人难以忘怀。

蝉生活在橄榄树茂密的地方，大多数法国人无缘听到蝉的歌声，但是大家都知道蝉在蚂蚁那里受到的冷遇。蝉的恶名就源于这些零碎的小诗。这个关于蝉的故事非常不可信，蝉的品质被形容得与它在博物学史中的遭遇一样糟糕，再通过保姆的嘴讲出来，唯一的优点就只剩下简洁了。蝉的恶名就是从这里流传开的，经过几个世纪历久弥新，其影响力丝毫不逊色于穿靴子的猫和小红帽。

孩子们最容易轻信传统。一旦一些习俗和传统进入到脑海中，就很难忘记。蝉之所以如此臭名昭著，很大程度上在于牙牙学语的孩子们在最早的背诵课中就不断重复蝉的悲惨遭遇。虽然寓言内容并不真实，但是孩子们却令这个荒谬的寓言一直流传下来。冬天压根没有蝉，但是故事里总会讲蝉到冬天就会忍饥挨饿；蝉的嘴是管状的，根本吃不了小麦，但是故事里总会讲蝉向蚂蚁要小麦吃；蝉从来不吃苍蝇和蛆，但是故事最后蝉总是绝望地寻找这些充饥。

出现这些荒谬的错误，应该怪谁呢？应该怪拉封丹 ① 吧。拉封丹是法国著名寓言诗人，一向对自己作品中的描写对象观察得细致入微。他很了解自己早期诗歌的主角，如狐狸、狼、猫、乌鸦、老鼠等，对这些动物的行为举止进行了精确的描写。然而这些动物都是拉封丹的居住地或邻近地区有的。这些动物的一举一动决然逃不过拉封丹的眼睛，唯独蝉是个例外。在拉封丹生活的地方根本没有蝉，所以拉封丹从来没有见过蝉，更没有听过蝉唱歌。在他的想象中，这位著名的歌唱家肯定是一种蚱蜢。

格兰维尔是十九世纪最著名的插画家之一，其画工可以与拉封丹

① 1621—1695，法国寓言诗人，代表作品是《拉封丹寓言诗》。

的写作功力相媲美，但是他们都犯了同样的错误。在格兰维尔为寓言所配的插图中我们可以看到：蚂蚁穿得像个忙碌的家庭主妇，站在家门口，身边摆着好多袋小麦，对蝉这个伸着前肢——不对，是手——的乞食者摆出一副鄙夷不屑的神情。插图另一边是一个带着宽边帽子的流浪歌手，胳膊下面夹着一把吉他，大风把它的裙摆吹得紧贴膝盖：这就是寓言中的第二位主角——蝉，完全是炸蜢的样子。格兰维尔和拉封丹一样不了解蝉，虽然他画的插图很漂亮，但形象是错误的。

然而，这个简短的故事并非拉封丹原创，他只是重复了另一位寓言家的故事。在关于蝉的传说中，蝉遭到了来自蚂蚁的冷遇，但自私并非蚂蚁独有，自创世以来就一直存在。想当年，一群雅典孩子匆忙将书包里塞满无花果和橄榄，嘴里还一直默默背诵着要给老师复述的故事：冬天到了，蚂蚁把受潮的食物拿到太阳下晾晒，接着来了一只饥肠辘辘的蝉向它讨几粒小麦吃，蚂蚁摆出一副吝啬鬼的嘴脸，对蝉说："既然夏天你忙着唱歌，现在冬天到了，为什么不去跳舞呢？"这个故事听起来有些干涩，但拉封丹要表达的意思就是如此。事实上冬天根本没有蝉。

寓言是从希腊传到法国的。希腊和法国南部一样都是橄榄树的故乡，也是蝉的故乡。传说伊索才是这个寓言的真正作者，这一点很值得怀疑。虽然作者是谁并不重要，可伊索是希腊人——蝉的老乡，一定对蝉很了解，怎么会搞错如此明显的事实呢？在我住的村子里，所有人都知道冬天根本没有蝉；即使是耕地的农夫或园丁，也知道蝉的若虫是什么样的。因为冬天快来的时候，他们要给橄榄树培土，铁锹会翻出蝉的若虫。他们已经见过几千次了，没有理由不认得。他们知道到了夏天蝉的若虫如何从自己的小地洞里钻出来，然后爬上小树枝或者草茎，待背部裂开后，蜕出比羊皮纸还干的蝉衣。蝉的若虫就这样渐渐变成成虫，它们的身体一开始是草绿色的，但是很快就会变成棕色的。

我们不能认为希腊农民比法国普罗旺斯地区的农民蠢，竟然看不到连观察力最弱的人也能察觉的事实。我的乡邻们知道的事情，希腊人肯定也知道。所以不论作者是谁都不可能犯这种愚蠢的错误，因为他们都处于了解故事主角——蝉的最有利环境中。那么寓言中的错误到底是如何产生的呢？

希腊作家身边的每个角落都有蝉在振动音钹①发声，但是他没有去了解，而是编造出了寓言中的蝉。与之相比，拉封丹的罪过要轻一点儿，但依然犯了不顾真相、因循守旧的错误。希腊作家本人亦不是故事的原创者，他重复了来自文明源头——印度的某个故事。印度人讲的故事我们现在已无从查考，只知道故事想告诉我们"人无远虑，必有近忧"的道理。或许原来的形式是有关动物的短剧而不是蝉和蚂蚁的对话。印度人都很爱动物，不可能犯这样的错误。所以，到目前为止，一切推测似乎都印证了这样一个事实：原始寓言中的主角不是现在诗中所写的蝉，而是其他动物，你可以认为是任意一种习性与故事情节相符的昆虫。

蝉的故事历史悠久，单在引入希腊后就已经流传了数百年，而原版故事依然在印度河流域传播着，令智者反思，令孩童大笑。然而，随着时间的流逝，古老故事的细节总会随着时间、地点而改变，但是主要内容没有变。古老逸事大都难逃此种命运。举个例子来讲，一个家族的先祖最初会提出勤俭持家的要求，然后家训就这样一代传一代，虽然主旨未变，但细节难免会有所不同。

希腊人在乡间找不到印度人提及的昆虫，就把蝉加到了故事里，就像法国人引入希腊人的故事时用蚱蜢替代了蝉。从此蝉与蚱蜢就被弄混了，错误一旦形成就很难改变。孩童时代的记忆根深蒂固，甚至能让我们对事实熟视无睹。

---

① 即本章导语中所说的鼓膜。

我们应该为这个被寓言所中伤的歌手正名。但是有一点我得承认，它们实在是很聒噪。夏天一到，几百只蝉霸占了我家门口的两棵高大碧绿的梧桐树，它们从早到晚不停地尖叫，搞得我头如针扎。在震耳欲聋的吵闹声中，我感到天旋地转、头晕目眩，根本无法集中精力思考。如果不能充分利用早上的时光做事，那我一整天就什么都干不了了。

　　啊！这些讨厌的小东西，真是些不速之客，把我原本清静的住所搅得一团糟。竟然有人说，从前希腊人为了好好享受你的歌声，会把你放在笼子里挂起来。说实话，在吃饱饭打瞌睡的时候，一只蝉叫倒也罢，但如果是在陷入思考的时候，几百只蝉一齐冲你叫，吵得你思绪紊乱，那就实在太遭罪了！但是蝉有自己的理由：是我们先到这里来的。没错，在我来这儿之前，那两棵梧桐树完完全全地属于你们，而我却擅自闯入了你们的领地——梧桐下的树荫。我承认！但是，你们要知道，我这么做是想将你们真实的故事记录下来，为你们平反。你们就行行好，捂住音钹，降低点儿音量吧。

　　有时候，蝉和蚂蚁之间确实有一些交往，但是它们之间的交往与寓言所描述的情形恰恰相反。蝉不会主动向蚂蚁寻求帮助——蝉从来不需要因为生存问题而向任何人请求帮助；相反它们常常有恩于蚂蚁，这些贪婪的剥削者把所有能找到的食物都搬到自己的小仓库里。蝉从来不会因为饿肚子而在蚁穴门口恳求蚂蚁，也从来不会信誓旦旦地承诺会连本带利地偿还借贷的粮食；相反，在干旱的季节，蚂蚁烦恼不已，会向歌唱家——蝉请求帮助。虽然我用了"请求"二字，但事实并非如此！因为在蚂蚁这类"陆上海盗"的字典里根本没有"借用""偿还"之类的字眼——它们总是无耻地剥削蝉，无礼地将其洗劫一空。接下来让我们关注一下蚂蚁的强盗行为，这是一段鲜为人知的趣事。

　　七月的午后酷暑难当，许多昆虫在热浪中四处闲逛，想从干得褪了色打了蔫的花儿身上吸取汁液解渴。蝉从来不把干旱缺水放在眼里，因为它的喙是一个精准的定位器——蝉用细长的喙能钻出饮之不竭的小水库。于是每到盛夏，蝉都会惬意地在灌木丛或草丛中找个嫩枝，趴在上面，一边唱着歌，一边在坚硬、光滑的树皮上钻孔。这些嫩枝在之前的日子里早已吸满了水分，蝉把自己的喙插进去，美美地喝起来，动也不动，完全陶醉在甜美的汁液和自己的歌声中。

让我们接着再观察一会儿，说不定就能看到意想不到的悲剧。除了蝉，这会儿还有很多口渴的昆虫四处晃荡，最后，它们终于顺着边边角角上渗出的汁液找到了蝉的私人水井。于是这些昆虫围拢过来。一开始，它们还比较矜持，只是舔舔渗出来的汁液。我曾亲眼见过各种昆虫围在甜甜的小孔周围，有黄蜂、苍蝇、蠼螋、天蛾、蛛蜂、花金龟等。除了以上列举的各种昆虫，还有一类最重要的，就是蚂蚁。

蝉把喙插进嫩枝

体形最小的昆虫为了够到井，必须从蝉的腹下溜过去，蝉也友好地用"手脚"支起身体，留出空隙让这些心急的小家伙过去。还有一些大个的昆虫焦躁得直跺脚，它们急匆匆地冲过去喝一大口，然后退出来，在旁边的嫩枝上溜达一圈，然后再绕回来。这一次它们变得更加激进、更加大胆了。愈发强烈的忌妒心不停作祟，起初还小心谨慎的虫子们，这会儿已经变得狂妄好斗了，它们跃跃欲试要把挖井人——蝉从井边赶走。

在这群昆虫土匪中，蚂蚁最具侵略性。我眼见它们咬掉蝉的手足，猛扯蝉的翼尖，甚至爬到蝉的背上，撩动蝉的触须。还有一只蚂蚁真是胆大妄为，竟在我的眼皮底下抓住蝉的喙，拼命地想把蝉喙从井里拔出来。

最后，巨人——蝉终于因为不能忍受这些小个子的骚扰，放弃了井。蝉在飞走的时候还冲这些讨人嫌的家伙尿尿，以此发泄对侵略者的轻视。但是蚂蚁丝毫不介意，它们继续恬不知耻地留下来，霸占原属于蝉的泉眼。然而，蝉的喙是令汁液不停往外流的水泵，蝉一离开，泉眼很快就枯竭了。剩下的汁液虽然不多，却很甜，如果只是用来解渴的话已经足够了。等新的机会一出现，蚂蚁还会故技重演，抢夺别人的劳动果实。

正如我们所见，寓言故事描述的情形与事实完全相反。恬不知耻地乞讨、毫不犹豫地偷窃的正是蚂蚁；而辛勤劳动、愿意把自己的劳动果实与其他昆虫分享的却是蝉。此外，还有一个细节与寓言故事的描述截然相反。在过了五六个星期疯狂歌唱的快活日子之后，蝉的生命也消耗殆尽，它从树上掉下来，太阳晒干了它的尸体，路人的脚从尸体上踩过去。强盗们却一刻不停歇，总在寻找新的战利品。一只蚂蚁发现了蝉那被踩得残缺不全的尸体，它赶快将这丰盛的美食分割、

切碎，用来填满自己的小粮仓。我们总能看到这样的景象：一只垂死的蝉，翅膀还在尘土中抖动，就已经被一群蚂蚁屠夫拉扯着大卸八块。蝉的尸体因为爬满了蚂

蚂蚁分割蝉的尸体

蚁而呈黑色。在听完这个残杀的例子后，就能清楚地了解这两种昆虫之间的关系了。

古人非常尊崇蝉，被誉为希腊"贝朗瑞（十九世纪法国著名的歌谣诗人）"的阿那克里翁（公元前六世纪希腊诗人）就曾为蝉赋诗一首，对蝉极尽赞美，程度近乎夸张。他说："你们的艺术造诣堪比神灵。"不过他将蝉神化的原因——生于土地、不惧痛苦、从不流血——却值得商榷。我们没有必要对诗中的错误说三道四——这三个理由虽然不尽完善，却是当时所公认的。直到人们开始用科学的方法来观察蝉，这些不理性的观点才逐步退出历史舞台，何况这些小诗的主要优点是韵律和谐，对于内容，人们未必会看得那么仔细。

普罗旺斯人的诗歌中也有吟咏蝉的，但是即使在今天，他们仍像阿那克里翁一样毫不关心事实，只管赞美他们心中的偶像——蝉。我有个朋友却不应该在被斥责之列，因为他是个细心观察的唯实主义者。他让我从他的书架上取下一本书，里面有首用普罗旺斯语写的诗歌。在这首诗中，他以严谨科学的精神阐述了蝉与蚂蚁之间的关系。其中诗意的形象和道德观留给诗人自己负责，与博物学无关。至于其中所述事情的真实性，我可以完全保证，因为所有内容都与我每年夏天在家里花园的丁香树上见到的情形相符。

这首正确描写蝉的诗歌是我的朋友用普罗旺斯语写成的，翻译大致如下：

蝉和蚂蚁

（一）

啊，骄阳似火，酷暑难耐

看，惬意的蝉正在热浪中畅饮

而农夫却要为丰收的到来付出辛劳
他在金色的麦浪里收割了大半天
腰弯了，喉咙干了，歌声也停止了

啊，多么美妙的时光
听，那小小的蝉叩响音钹
她摇晃着肚子，直到小镜子鼓起来
此时收割者正挥舞着镰刀
钢刃在一片红光中忽隐忽现

装满浇石水的水罐挂在收割者腰间
磨刀石在木槽里纳凉
自由地吸取所需的水分
可怜的收割者在烈日下喘着粗气
骨髓在蒸腾、融化

蝉却有解渴的妙计
只见她把吸管插入细嫩多汁的树皮
井打通了，糖汁从细细的管道中涌出
蝉不慌不忙地退到一旁
美美地吮吸这甘甜的泉水

怎奈好景不长，贼人闻风而至
在干渴中煎熬的邻人和流浪者来到井边
他们怎能眼睁睁地看着你畅饮
他们要去分一杯羹
当心，宝贝！掠夺者谦卑的脸很快就会变得面目狰狞

蚂蚁抢夺蝉的私人水井

起初他们只渴求很小的一口，你大方地施与
很快贪欲让他们昂起头要霸占全部
他们张牙舞爪，在你的翅膀上穿来穿去
你的背像一座山，他们爬上又爬下
他们撕扯你的嘴，你的须，你的脚

这些小东西推推搡搡惹人烦
嘘——在泉眼上撒一泡臊尿，你飞离树枝
把这些不要脸的流氓甩在身后
他们占据你的井，正舔着沾满蜜汁的嘴唇悠闲享受
远远地离开这些可恶的窃贼吧

在不劳而获的流浪者中
苍蝇、胡蜂、黄蜂、甲虫来势汹汹
但谁也比不上蚂蚁恶劣
这些骗子和懒汉在你的井边转来转去
最想霸占这口井的当属蚂蚁

蚂蚁搔你的脸，踩你的脚
夹你的鼻子，钻到你的肚子下面乘凉
还敢顺着你的腿爬到你的翅膀上晒太阳
蚂蚁身体轻盈，无人能及
在你身上肆无忌惮地上上下下

（二）

有一个古老的传说现在已无人相信
话说有一年冬天
饥饿的蝉哀哀哭泣
偷偷来到蚂蚁的地窖
那里是蚂蚁藏粮食的地方

谷子在晚上沾了潮气
富足的蚂蚁正在太阳下晒谷子
等谷子晒干，再一袋袋装好放回地窖
正在这时蝉来到蚂蚁面前
眼泪汪汪地哀求

"寒风吹哟，我瑟瑟发抖

看在我快要饿死的份上
请从你堆积如山的粮食中分我一小袋
当夏天来临，藤蔓上结出甜瓜
我一定偿还你的好意"

说什么"给我一小袋谷子"
滚吧，你这个骗子
我们蚂蚁才不会相信你的鬼话
我有再多的粮食，也不会给你一分一毫
滚吧，你夏天唱歌，冬天就该挨饿

蚂蚁储存粮食

这就是那个古老的寓言
为告诫我们不要轻易施与
要懂得收紧钱袋
让那些懒汉尝尝挨饿的滋味
这是他们应得的下场

这个寓言真让人气愤
还说冬天里蝉会找苍蝇、小虫和谷子吃
蝉能和我们一样吃谷子吗？
长长的喙怎能嚼碎谷子？
只有泉水的甘美才是蝉的唯一所求

对蝉来说，冬天再冷又何妨
孩子们已在地下隐蔽的居所酣睡
你也长眠不再醒来
你的身体坠落枝头，化作碎片
碰巧被四处觅食的蚂蚁撞见

你那干瘪的皮囊成了蚂蚁的美食
可恶的蚂蚁把你咬碎
还啃光你的内脏
再将剩下的残渣拖进仓库
当成过冬的储粮

（三）

这才是真实的故事
和寓言截然相反
手指如钩、大腹便便的吝啬鬼
我敢保证你们一定不喜欢听这个故事
用储钱罐岂能征服世界

造谣者在一旁痴笑
艺术家从不干活儿，他们应为懒惰付出代价
闭嘴！当蝉刺破葡萄藤时
把她赶走霸占甘泉的是你
把蝉的躯壳当成晚餐的也是你

金蝉出洞

蝉最早出现在夏至的时候。炎炎烈日下，在一条条被行人踩得硬邦邦的小路旁边，总能看到一些圆形的小洞，大小足够我们把大拇指伸进去。蝉的若虫（以下称若蝉）就是从这些小洞中钻出来然后变身为成虫的。除了犁地破坏的土壤，这些小洞几乎随处可见。若蝉通常生活在极干、极热的地方，尤其常见于大马路两侧和小路旁边。在为蜕变做好充分准备之后，若蝉就要钻进草皮和被太阳烤干的黏土了。它在离开地洞的时候似乎更加偏爱那些又干又硬的地方。

花园的小径被对面墙上反射的光线照得极富古城风韵，此处有很多这样的小洞。在六月末的时候，我仔细观察了一下这些不久前刚被遗弃的小洞。这里的土壤非常紧实，不用小锄头就别想挖动。

小洞的洞口都是圆的，直径约为两厘米半。周围绝无碎石屑，也没有从洞里刨出来的土，若蝉的洞穴总是如此。另一个挖掘高手——地洞金龟的洞穴则完全不同，洞口周围堆着一堆土。挖洞的方式不同导致了洞的不同形态。地洞金龟从外往里挖，它先挖洞口，然后爬上来，把挖出来的碎土屑堆到地表。若蝉却恰恰相反，它从里往外、从下往上挖，最后才会挖洞口，所以，一直到挖完洞，它们总要想着把挖出来的东西弄到哪儿去。地洞金龟是进洞，把挖出来的东西堆在洞口；而若蝉是出洞，它们不能在挖洞的时候把废弃物堆在洞口，因为那时洞口还不存在。

若蝉的洞穴呈圆柱形，大约深入地下四十厘米，洞延伸的方向与地面基本保持垂直——因为这个方向距离最短，不过有时会因为土质状况而略有弯曲。整个洞体非常通畅。要挖出这样的洞穴肯定会产生不少碎土屑，但是在若蝉的洞穴内外怎么也找不到这些东西——因为根本就不存在。洞体以死胡同的形式收尾，洞穴最里面空间宽敞、内壁光滑，全无与其他洞穴相连或者向更深处延展的痕迹。

若蝉的洞穴

根据洞穴的长度和直径来测算，若蝉挖出来的土应该有两百立方厘米左右。这些土到底被运到哪儿去了？

若蝉挖掘洞穴的地方很干，土壤也比较破碎。如果只挖洞而不做点儿别的工作的话，洞体和洞底会很松散，内壁也会往下掉土，还会发生塌方。但事实刚好相反，洞体内壁涂抹得非常整齐，还糊上了一层黏土状的灰泥。实际上洞壁很粗糙，但不规整的地方都敷上了一层灰泥——挖下来的碎土屑在吸收某种黏液变干之后，被紧紧地粘在适当的地方。

若蝉可以在洞穴里自由地爬上爬下，上至接近地表，下至其宽敞的内室，它的手足不会使洞体内壁发生剥落而阻塞通道，让自己进不得也退不得。矿工们会用横竖相间的木条加固地道；地铁建设者会用砖石或铁管支撑隧道的顶部和侧壁；若蝉一点儿也不比这些工程师差，它会用水泥涂满洞穴内壁，保持地洞通畅无阻、随时待用。

最终若蝉会从土里钻出来，寻找附近的树枝来完成从若虫到成虫的转变，如果在这个时候偷袭它一下，它马上就会谨慎地撤退，毫不费力地退到洞底——这就证明了即使避难所将被永远丢弃，里面也没有任何垃圾。

若虫钻出地洞

这个通往地表的洞穴并非一个急于见到阳光的生物的仓促之作，这里是真正的住宅，若蝉会在洞里住上很长一段时间，不然为何在墙上涂灰泥呢？如果只是一条造好不久就被丢弃的普通通道，一定不需要如此精心。毫无疑问，蝉的地洞必须有气象观测站的功能，住在里面的居民要随时注意天气的变化。若蝉生活在三四十厘米深的地下，它基本长成准备出洞的时候，怎么才能知道外面的气象条件是否适宜呢？地下的气候变化很小，很缓慢，不足以为若蝉完成生命中最重要的活动——在阳光下进行蜕变——提供精确的信息。

为了修筑这样一个洞穴，若蝉要耐心地劳作几个星期乃至几个月。它先挖洞，再清理干净，然后加固垂直的洞体，留下一指厚的一层泥土不打穿来达到与外界隔绝的目的。在洞的底部，若蝉小心翼翼地为自己修建隐蔽的休息处。如果观察到情况不妙，它就将出洞的时间延后，洞穴是它的避难所，它可以在这里安然地等待。只要有一点儿天气转好的迹象，若蝉就会爬到洞穴顶部，隔着那层盖住洞体的薄薄泥土，细听外界的声音，感受外部空气的温度和湿度。

如果天气条件不妙，比如即将遭遇洪水或者寒风（在蝉脆弱的若虫脱去旧袍的时候这类恶劣天气将是致命的威胁），这个谨慎的小东西会退到洞穴底部，再等一阵子。相反，如果天气条件有利的话，它就会砰砰几下敲开洞的顶部，从地道里钻出来。

所有证据似乎都证明若蝉的洞穴兼具等候室和气象站的功能，若虫要在里面经历漫长的岁月。有时候，它会爬到地表附近探查一下外界的气候；有时候，它会退回洞穴深处隐蔽起来。这就是为什么休息的地方要挖在洞体底部以及为什么要把墙壁粘牢的原因，不然若虫这样爬上爬下，里面不发生塌方才怪呢。

还有一件事比较难解释：难道挖掘前填充洞穴的东西完全消失了？

平均而言，填充每个洞穴的土足有两百立方厘米，这些土到哪儿去了？为什么洞内洞外都找不见踪影？此外，土壤干得像煤渣一样，糊在内壁上的灰泥又是怎么弄出来的？

有些昆虫，例如天牛和吉丁的幼虫，会蛀蚀木材，这显然可以解答我们的第一个问题。昆虫钻进树干，吃掉阻挡它们前进的东西，开出自己的通道。它们用上颚啃咬树干，然后一点儿一点儿地消化掉。吃下去的东西从开路者身体的一头移到另一头，变成没有营养的排泄物，堆积在开路者身后，阻塞了通道，使昆虫幼虫无法原路返回。在上颚和胃的共同作用下，切割工作产生的排泄物比原先的木头更加紧实，这样一路走来，通道前方会有少许自由活动的空间供昆虫幼虫起居——虽然不大，但足够里面的小囚徒舒展筋骨。

难道若蝉不能用这种方式挖地道吗？当然，挖出来的碎土屑不可能穿过它的身体——因为泥土根本不能吃，即使是最软的泥土也不行；但是在工程进行之中，为什么挖掘者身后没有留下碎土屑呢？

蝉在地下要过四年。当然，如此漫长的岁月不全是在洞穴底部度过的；那里只是个休息的地方，为蝉有朝一日爬上地表做准备。蝉的若虫来自其他地方，距其安家的地方很远。蝉是一个流浪儿，从一个树根漫游到另一个树根，寻找插入喙的机会。它的搬迁无非是为了躲避冬天里变得格外寒冷的地表，或者要把自己安置在一个更多汁的根部。若蝉用镐尖开凿地道的时候无疑会在身后留下废弃物，这一点是不容置疑的。

和天牛、吉丁的幼虫一样，这点儿自由空间已经足够若蝉在里面进行必要的活动了。天牛、吉丁能消化木浆，若蝉同样有办法处理潮湿、松软的土壤，因为夯实这样的土壤毫不费力，于是活动的空间就匀出来了。

一个难题是：有时候从休息处到洞穴出口的土壤过于干燥，如果不能让土壤变湿润就很难压缩。或许在开始挖洞之前，若蝉已经准备好了一条堆放碎土屑的地道，等真正的洞穴挖好之后，备用地道将被填满，因而也就不见了。不过目前我还没有找到支持这个猜想的任何证据。但是试想一下洞体的容量这么大，要为如此多的碎土屑腾出空间实在很困难，于是我们又遇到了另一个难题——要把这么多土藏起来，一定需要很大一块空间，而要制造这么大的空间，势必产生更多的废弃物——我们陷入了恶性循环。仅仅把若蝉挖出来的碎土屑夯实根本腾不出那么大的空间，若蝉一定有处理碎土屑的特殊方法。让我们想办法揭开这个谜底。

让我们观察一下刚从土壤里钻出来的若虫是什么样子的：身上多多少少沾着泥土，有时干，有时湿。在挖掘过程中，若蝉的前足尖上挂着小泥球，中足和后足也糊满了泥，背上全是泥点子。这让我想到了整天忙着铲泥巴的清道夫。从干透了的土里钻出来的若蝉更是如此，我们原以为它们会一身灰，但实际上它们却是一身泥。

接着继续观察，洞穴的秘密马上就要揭晓了。我把正在洞穴出口处挖掘的若蝉刨了出来。本来我没指望能马上成功，因为在地表上什么线索也没找到，不过最终我还是幸运的：那只若蝉开始挖洞的时间不长，

满是泥土的若蝉

刚挖出一条两三厘米长的小隧道，里面没有任何废物也没有任何垃圾，底部是休息室，这就是整个工程的进展。那么"工人"的状态如何呢？让我们一起来看一看。

蝉在地底下的若虫比钻出来的时候颜色浅很多，一对苍白、混浊的大眼睛好像是盲的。在地底下视力好又有什么用呢？离开洞穴时，若虫的眼睛又黑又亮，肯定能看见东西。一旦走到阳光下，未来的歌唱家就要寻觅一根嫩枝，把自己挂在上面，完成蜕变。合适的嫩枝通常在远离洞穴的地方，显然出洞以后有好的视力是很重要的。在蜕变前眼睛必须发育成熟，这个过程不是一朝一夕就能完成的，可见若蝉可以用很长的时间来修理隧道，完全用不着匆匆忙忙。

我们还能观察到什么？颜色苍白的盲若虫比更成熟的若虫体形大很多，因为它的身体里充满了液体，好像水肿似的。用手捏住它，就会有透明的浆液从若虫背后渗出来，把它的整个身体都弄湿了。这种从体内排出的液体是不是一种类似于尿液的分泌物呢？或者是吸满汁液的胃里流出来的东西？我不敢妄下断语，为方便起见，暂且称它为尿液。

好了，到此为止，源源不绝的尿液从何而来成了解决问题的关键。在挖掘过程中，若蝉把粉末状的碎土屑弄湿，然后立马用自己的大肚子将黏糊糊的泥浆压到内壁上。干土变成泥浆，泥浆渗入粗糙内壁的缝隙。较稀的泥浆浸润了土壤，余下的泥浆被压实，填进内壁的缝隙。就这样，若蝉有了一个空旷的隧道，里面没有任何废弃物，因为挖出来的所有土屑都被就地利用，转化成比洞体处原有土壤更紧实、更均质的灰泥。

若蝉就是这样在泥巴的包裹中劳作的，所以才会满身污浊——按理说从干燥的土壤中钻出来不至于这么脏。大功告成后，蝉再也不用当坑道工兵和矿工了，但是剩下的尿液还可以用作自卫的武器。如果观察的时候离蝉太近，蝉就会对这个纠缠不休的人撒尿，然后逃之夭夭。和若虫一样，蝉的成虫也喜欢干燥的环境，它们都以灌溉本领强著称。

尽管蝉的若虫身体水肿，但要把大量本应移出去的土弄湿变成易压缩的泥巴，这点儿储存的水量远远不够。水库总有一天会耗干，蓄水是必需的，但水源在哪里，怎么蓄呢？我自认为已经找到了答案。

我小心翼翼地刨开几个若蝉已经挖好的洞穴，在这些洞穴里可以看到有植物的根嵌到洞底部的内壁上。根粗细不一，有的有铅笔粗细，有的还不如一根稻草粗。根的可见部分只有几毫米，剩下的部分则埋藏在周围的土壤里。难道在洞底出现能提供汁液的根是巧合？抑或是若蝉特意为之？我更倾向于后者。因为在搜索时这样的树根总是反复出现，至少在我的挖掘方法正确时会如此。

事情是这样的，若蝉在挖掘未来洞体的核心部分——洞底内室时，总是选择有生命植物的小细根附近。它会让根嵌在内壁上，并露出一小部分。墙壁上的这一小截根就是水分不断得到补充的源头。若蝉不断地把身体里的水混进干土里变成泥巴，在体内的水耗竭之后，就下到内室，把自己的喙刺入嵌进洞体内壁的"桶"里开怀畅饮。在身体各个器官都充满水后，若蝉就又爬到上面继续工作，它把坚硬的土壤打湿，搅成泥巴从而把土夯实，糊在周围，以便得到一条自由出入的通道。可以想象，若蝉就是用这样的方式逐步向上挖的。上述过程并非我亲眼所见，但从逻辑上可以推导出这样的结果。

如果根部吸不出水来，若蝉体内的水又耗光了，那该怎么办呢？接下来的一个实验会告诉我们答案。一只正在从洞穴里往外爬的若虫被我抓住，我把这只若虫放在试管底部，用一层干土把它轻轻盖住，土高约为十五厘米。若虫刚刚从土质类似的洞中钻出来，只是洞穴的土质比试管内的更紧实，并且深度是试管中土的三倍。现在若虫被埋在浅浅的松土里，它能爬出来吗？若虫刚从更硬的土壤中爬出来，如果它确实能搞定类似的情况，那么这点儿松散的土肯定不在话下。

不过我也不是非常有把握。为了移去洞穴与外界之间的障碍物，若虫已经耗尽了体内仅存的液体。水箱已经干了，周围没有活植物的根意味着若虫没有办法获得补给。因此我有充分的理由担心若虫可能爬不出来。试管中的囚犯拼命挣扎了三天，但是连两三厘米也没爬上来。没有水根本无法把头顶上的土移走——土刚被推到一边，马上就又滑了回来。劳动总是无果而终，就像希腊神话中永无休止做苦工的西西弗斯。到第四天的时候，若虫死掉了。然而在若虫体内水分充足的时候，就是另一番情况了。

我找了一只刚开始准备出洞的若虫重新做相同的实验。若虫身体充满了液体，液体多得直往外渗，把若虫整个身体都弄湿了。对它来说，移走头顶上的土层太容易了：只要体内能渗出很少量的一点儿水，就能把土变成泥；一旦形成黏糊糊的泥，土就可以被推到一旁固定住。这样，一条柱状通道就被逐渐挖了出来，只是形状很不规则，在若虫往上爬的时候，身后的地道又会被堵住。似乎出于本能，若虫发现周围环境不同于以往，它知道自己身上存储的水不可能得到补充，于是在使用的时候非常节省，只求能挖出一条通路够自己迅速逃脱就好。若虫对水的使用控制得非常精准，十二天后，它终于爬了出来。

通往外界的门一旦打开，洞口就会永远大敞着，就像用木螺钻钻出的孔。有那么一会儿，若虫仅在洞穴周围游荡，希望在低矮的灌木或百里香生长密集的地方找个合适的草茎或嫩枝作为自己的小巢。目标一旦锁定，若虫就会沿着嫩枝往上爬，头部朝上，前足紧紧钩住目标。如果嫩枝方向合适，中足和后足也可以帮着前足支撑身体；如果方向不顺，仅用两只前足固定身体也足够了。然后若虫会休息一会儿，但是前足丝毫也不敢松懈，仍紧紧地抓住嫩枝。接着若虫的背部中线从胸部位置开始裂开，透过缝隙可以看到成虫在慢慢地形成。整个蜕变过程大概要持续半个小时。

就这样，褪去蝉衣的成虫终于出现了，与若虫相比，变化可真大啊！成虫翅膀笨重，潮湿，透明，翅脉呈浅绿色，胸部稍稍带一点儿棕色，身体其余部分均呈浅绿色，有的部位甚至还有些发白。烈日和暴露在空气中的时间会改变这个脆弱的小生命，它的体色会变深，身体也会变得强壮。大约两个小时过去了，蝉的身体仍未出现明显的变化。它靠两只前足悬挂在已经没有用的蝉衣上，稍有微风吹来，虚弱的身体就会随风摇摆。终于，蝉的身上开始出现棕色，随后很快扩展到全身，完成体色转变仅用了半个小时。若虫选中一根嫩枝牢牢抓住的时间是早上九点，而成虫从我眼皮底下飞走的时间是中午十二点半。

现在，嫩枝上只剩下了空空的蝉衣，除了后背有一条裂缝，其余部分均完好无损。因为抓得太用力，蝉衣牢牢地挂

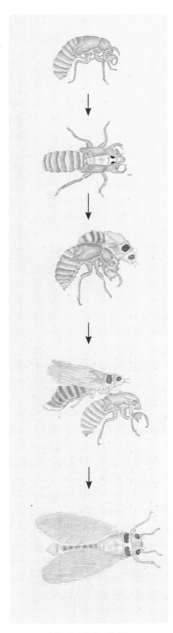

蝉的蜕变过程

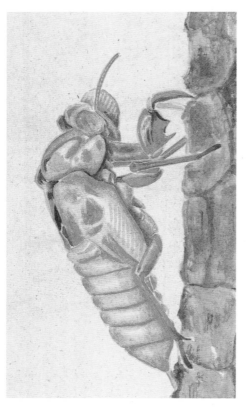

挂在树上的蝉衣

在嫩枝上，即使到了秋天，也未必会被吹落。几个月后，甚至到了冬天，你都会看到蝉衣仍然挂在原来的地方，保持着若虫蜕变时的姿态。蝉衣不易腐烂，上面的半透明纹理使人联想到羊皮纸。

我的邻居是一些农民，如果我能把他们所有的见闻都收集下来的话，那我就有很多关于蝉的有趣故事可以讲了。下面我就给大家讲一个流传于乡野的故事吧。

你身边有人饱受肾病困扰吗？有人身体水肿吗？他们需要强效利尿药吗？所有土方子推荐的特效药都是蝉。夏季，人们会收集蝉的成虫，穿成串在阳光下晒干，然后小心翼翼地收藏在壁橱里或抽屉里。一个称职的家庭主妇一定会在七月里收集一些晒干的蝉，如果没有的话，就太不像话了。

你得过肾炎或者尿路狭窄吗？用蝉泡水喝吧。农民们都说，没有比这更管用的方子了。有一次我有点儿不舒服，有位好心人建议我服用这种药剂，那会儿我还不知道这有什么用，现在看来我该好好谢谢他。然而我仍然对蝉的疗效心存疑虑。很久以前，阿纳扎布斯（今土耳其安纳托利亚）的医生也会向病人推荐这个药方。古希腊医生迪奥斯科里季斯说：蝉，干嚼服下，可以治疗膀胱疼痛。当时，来自福西亚（今土耳其福恰）的希腊人除了给普罗旺斯人带来橄榄、无花果、葡萄外，还带来了迪奥斯科里季斯所创制的药典中的秘方。从秘方传到普罗旺斯地区之日起，当地人就对其药效深信不疑。但是药方在流传过程中还是发生了些许改变：迪奥斯科里季斯建议人们服用烤蝉，但是现在人们都把蝉煮熟煎成药汤吃。蝉为什么有利尿的功能呢？人们给出的解释简直天真可笑：大家都知道，蝉会往想要抓它的人脸上尿尿，然后飞走，这使人联想到蝉可以把它的排泄能力传给人。迪奥斯科里季斯与同时期的人可能就是这么想的，直到今天普罗旺斯地区的农民仍然这样认为。

亲爱的朋友，如果你知道若蝉可以利用自己的尿液拌出泥浆建造小气象站和连通外界的甬道，你会做何感想呢？还记得法国讽刺作家拉伯雷（1495—1553）笔下的巨人卡冈杜亚吗？他坐在巴黎圣母院的钟楼上，用洪水一般的尿淹没了成千上万好奇的法国人。蝉的本领大概可以与之相媲美吧。

蝉的"歌声"

　　我家附近有五种蝉，其中两种数量比较多，一种是大家最常见到的蝉，另一种是栖息在花白蜡木上的变种。这两种蝉分布较广，农民们大多只知道这两种蝉。其中体形较大的就是大家最常见到的蝉。接下来让我简单介绍一下它是如何发出"知了，知了"的叫声的。

　　在雄蝉身体下部，紧靠后足的地方，有两个宽大的半圆片，右半片微微遮在左半片上面。这就是音乐盒的气门、顶盖和减音器。如果把这两个半圆片掀开一点儿，就会看到一左一右两个很大的凹洞，普罗旺斯人称之为小礼堂。两个小礼堂合在一起就叫大礼堂。小礼堂的前端是一层又软又薄的乳黄色膜片，后端则是一层干燥的薄膜，颜色和肥皂泡差不多，普罗旺斯人称之为镜子。

　　通常认为，大礼堂、镜子和减音器是蝉发声的器官。如果一个歌手唱得上气不接下气，普罗旺斯人就会说他的镜子打破了。同样，打破镜子也可以用于形容没有灵感的诗人。但是这种流行观点并不符合声学原理。即使你弄破蝉的镜子，用剪刀剪掉顶盖，然后撕裂前端的乳黄色膜片，这些破坏都不能阻止蝉唱歌，只是音质和音量有所下降罢了。两个小礼堂是共鸣器，它们本身并不发声，只是通过振动前面和后面的膜片来放大声音。同时，音色也会随着减音器的开闭程度而发生改变。

声音的真正源头肯定不在此处，新手要想发现恐怕有一定难度。在两个小礼堂的外壁，即腹背连接处的隆起部位，有一个圆形小孔，孔周围呈角质，上面有相互交叠的减音器，我们把这个小孔称为音窗。小孔一直通向一个凹洞，学名声室，声室比小礼堂更深，但是也更窄。紧挨着翼后部连接点下方有一个小凸起，形状近似鸡蛋，因为颜色较暗，所以很容易与覆盖着银色绒毛的周围部分分开。这个凸起就是声室的外壁。

　　让我们大胆地将小凸起切除，这样蝉的发声装置——音钹就暴露在外面了。音钹是一片又小又干的白色薄膜，呈椭圆形，向外凸起，三四根棕色的脉贯穿椭圆形薄膜的长轴，使音钹富有弹性。音钹的四周固定得很牢固。让我们假设蝉内部有一个力使凸起的膜变形，然后迅速释放；因为脉有弹性，凸起部分会立刻恢复原来的形状。清脆的声音就是由这样的往复振动形成的。

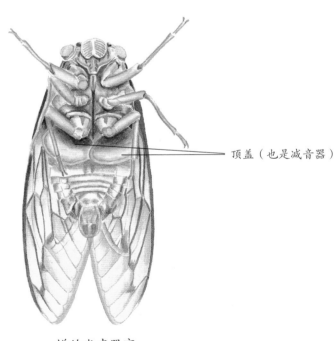

顶盖（也是减音器）

蝉的发声器官

二十年以前，有一种很幼稚的玩具曾经风靡整个巴黎，我记得是一种叫"蟋蟀"或者"蛐蛐"的小玩意。它的原理非常简单，就是把小钢片的一端固定在金属底座上，用拇指压另一端令其变形然后松开，它就会发出恼人的咔嗒声。就是这么一个简单的原理让"蛐蛐"风光一时。但是现在这种幼稚的小玩意儿几乎被人们彻底遗忘了，以至于当我跟大家谈起它的时候还担心没人知道我在说什么。

　　薄膜状的音钹和钢片做的"蛐蛐"有类似的构造：两者都通过快速变形和在弹力作用下恢复来发声。不同之处在于一个是凸起的薄膜，另一个是钢片。"蛐蛐"的变形是拇指按压后产生的，但音钹的凸凹变化又是怎样实现的呢？让我们重新回到大礼堂，弄破遮在小礼堂前面的"黄色窗帘"，即可看到两根粗壮的浅橙色肌肉柱。两根肌肉柱相交呈 V 形，V 形的尖端位于蝉腹背的中线上。这两根肌肉柱的顶端好像突然被截断，从断面处分别延伸出一条又短又细的腱，与对应的音钹相连。

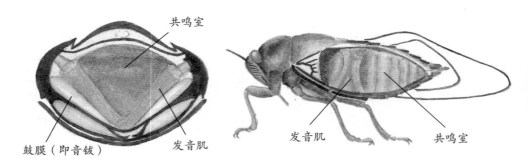

蝉的发声原理

　　这就是蝉发声的全部器官，和钢片"蛐蛐"一样简单：两根肌肉柱不停地收缩和舒张，肌肉柱末端的腱与对应的音钹相连，音钹被腱压低，随后依靠自身弹性快速恢复到原来的形状。蝉就是靠这两根肌肉柱的振动发声的。

想知道这个发声装置的效能有多高吗？那就让我们一起见证奇迹吧——让刚刚死去的蝉唱歌。方法非常简单：用镊子夹住一根肌肉柱，小心翼翼地拉动，这只死去的蝉就又复活了。每拉一下，音钹就会振动发声，声音虽然没有蝉活着的时候响亮，但很清晰。歌唱家活着的时候可以通过共鸣室发声，现在它死了，解剖学家仍然可以用巧妙的手法重现发声的基本过程。

相反，你能让一只活蝉不出声吗？蝉这个固执的音乐狂人即使被人捏在手心里，仍会喋喋不休地哭诉自己的遭遇，就像之前在树上放声歌唱自由时一样。拆掉小礼堂、打破镜子根本没有用，这些残忍的手段根本不能压制它的叫声。然而，只要用一根针从侧面的小孔（我们称之为"音窗"）伸进去，刺破声室底部的音钹，就可以立刻让它叫不出来。只消轻轻一下，被刺破的音钹就会安静下来。在蝉的身体另一侧重复此动作会让这只蝉彻底变成哑巴，尽管它会像之前一样充满活力，身上也看不出任何伤口。知道这件事的人对针刺能产生这么显著的效果惊讶不已，而弄坏镜子和大礼堂的其他附属物却没能让蝉安静下来。这样一个对蝉并无大碍的手术居然比把它大卸八块还管用。

蝉的减音器坚硬而牢固，难于移动。蝉是通过腹部的胀缩使大礼堂的门打开或关闭的。当腹部收缩的时候，减音器刚好遮住小礼堂和声室的音窗，声音就会减弱以至消失。当腹部胀起的时候，小礼堂的门就打开了，音窗上毫无遮挡，此时音量达到极限。腹部的急速振动，引起与音钹相连的肌肉同步收缩，二者共同决定了音量的大小，这声音就像是被快速拨弄的弓弦发出来的。

如果正午之前天气燥热又没有风，蝉的歌就会分成若干小节，每小节之间有短暂的停顿，停顿后歌声突然响起，并逐渐增强，蝉的腹部也会随之加速振动，直到音量达到最大。在最高强度维持几秒钟后，歌声渐弱，腹部的振动也逐渐减弱，直至停止。在腹部振动停止的那一刻，歌声也戛然而止。短暂停顿的时间会随着天气状况的不同而有所变化。随后，新的小节突然开始，单调地重复前一小节，永无休止。

午后的天气总是异常闷热，深深陶醉于阳光下的蝉通常会缩短甚至取消各小节之间的停顿。于是，蝉的歌声一刻不停地响着，时而强时而弱。蝉从早上七八点钟的时候开始唱，直到晚上八点钟左右歌声才停止，算起来音乐整整持续了十二个钟头。但是如果天空阴暗，寒风呼啸，蝉就罢唱了。

第二种蝉，体形比常见的蝉小一半，普罗旺斯人称之为"咔咔"。这个名字是根据它的叫声起的。"咔咔"栖息在花白蜡木上，比常见的蝉更警觉，更多疑。它的叫声高亢而尖锐，好像一连串的哀号——咔！咔！咔！咔！中间没有任何停顿。"咔咔"的叫声既单调又刺耳，非常令人讨厌，尤其是几百只一起叫的时候。在炎热的夏季，我家门前的两棵法国梧桐上经常会出现百蝉齐鸣的吵闹景象。这声音就像是把一堆干胡桃放进袋子里一直晃，直到把所有壳都震碎。如此聒噪的叫声简直是对人的一种折磨，唯一聊以自慰的是，栖息在花白蜡木上的"咔咔"开始鸣叫的时间比普通蝉晚，并且不会一直叫到夜里才停。

虽然发声原理与普通蝉相同，但"咔咔"的发声器官着实有一些奇特的地方，所以发出的声音很特殊。"咔咔"没有声室，因而也没有声室入口处的音窗。"咔咔"的音钹裸露在外，位于翼后部与身体连接处的下方。与普通蝉一样，"咔咔"的音钹也是一片发干的白色薄膜，薄膜向外凸出，上面有几条红褐色的脉。

腹部第一节前部有两个又短又粗的舌状凸起，其可以活动的一端搭在音钹上。这些舌状凸起堪比巡夜人响器上的簧片，只是没有搭在转轮的齿上，而是与音钹上的脉相连。我猜测"咔咔"尖锐刺耳的声音就是由这种奇特的构造发出的。要想抓住"咔咔"放在手里证实这个猜想是不可能的，因为"咔咔"受惊后就不会像平时一样叫了。

"咔咔"的减音器并没有交叠在一起，相反，它们之间的间隔很大。减音器与腹部上坚硬的舌状凸起一起，将音钹遮住一半，另一半则露在外面。用手指按压"咔咔"时，其腹部和胸部的接合处会略微张开。然而"咔咔"唱歌的时候腹部一动也不动，可见它并不像普通蝉一样通过腹部快速振动来改变音调。"咔咔"体内的小礼堂很小，不能用作共鸣器。虽然"咔咔"和普通蝉一样也有镜子，但是非常小，直径不超过六毫米。总之，普通蝉身上的共鸣器高度发达，但是"咔咔"身上的共鸣器却发育得很不完善。那么音钹的微弱振动是如何被放大以至于发出让人无法忍受的刺耳声音呢？

难道"咔咔"会口技？如果我们对着光观察"咔咔"的腹部，就会发现其腹部前三分之二是半透明的。我们用剪刀剪下腹部后三分之一的不透明部分（这一部分是"咔咔"维持个体生存和种群繁殖所必需的，切除后"咔咔"的生存将难以为继），余下部分是一个很大的凹洞，洞壁只由皮构成，仅在背部有一层薄薄的肌肉。肌肉里面有细得像线一样但是运作良好的消化道。凹洞很大，约占"咔咔"身体的一半，里面几乎空无一物。在背部可以看到两根与音钹相连的肌肉柱排成 V 形，V 形尖端的左右两侧则是两面闪闪发光的小镜子。两根肌肉柱之间有一个一直延伸到胸部深处的凹洞。

空空的腹部以及胸部的小零件共同组成了功能强大的共鸣器，这个共鸣器实在太神奇了，让乡野中的其他蝉望尘莫及。如果我用手指堵住腹部断面形成的伤口，"咔咔"的叫声就会变得更单调，这与音乐共鸣器的发声规律相符。如果往断面里塞一根管子或者喇叭状的纸卷，声音就会变得又低又响。可以将纸卷做成能发出某一特殊音调的形状，取一根试管作为共鸣器，将纸卷宽的开口端接到试管上，这时听到的声音就不再是蝉鸣，而是公牛的吼叫。在我做这个声学实验的时候，孩子们碰巧过来找我，可怜他们一点儿心理准备也没有，都被这声音吓跑了。

"咔咔"鸣声刺耳似乎是因为舌状凸起压到了振动的音钹上面的脉；音量如此之大显然与其腹部的巨大共鸣器有关。我们必须承认，"咔咔"为了能有一个大的音箱而把胸腔和腹腔的空间都腾空，可见它有多喜欢唱歌。"咔咔"用于维持生存的重要器官都很小，挤在身体的一个小角落里，这一切都是为了增大共鸣腔的空间。总之，唱歌是最重要的，其他一切都只能靠边站。

好在"咔咔"没有沿着这个方向继续进化下去。如果"咔咔"对歌唱的热情一代胜过一代，那么经过长久进化，它腹部的共鸣器就可能变得更大，没准能比得上我用纸做的小喇叭。如果真是这样，法国南部迟早会聒噪得没法住人，普罗旺斯地区势必是"咔咔"的天下。

我对普通蝉的发声原理进行过详细的介绍，大家肯定已经有所了解。那么如何让讨厌的"咔咔"安静下来也就无须赘言了。"咔咔"的音钹就暴露在外面，只要用针尖刺破，立马就能让它安静下来。要是我家法国梧桐上的那群身上长刺的昆虫朋友也喜欢安静，还愿意帮我把所有蝉的音钹都戳破，那该多好啊！唉，还是不要了吧，那样的话，丰收季节的宏大交响乐就不完美了。

现在我们已经了解了蝉的发声器官具有什么样的结构，但是新的问题又出现了：这些小东西为何对音乐如此痴狂？答案似乎很明显：雄蝉招引雌伴，共同奏响爱的大合唱。

这个看似顺理成章的答案很让我起疑。三十多年以来，普通蝉和它们毫无音乐天赋的朋友——"咔咔"一直生活在我身边。每年夏天我都要花两个月的时间观察它们、聆听它们。尽管我不太情愿听到它们的叫声，但对观察它们充满热忱。我看到它们在法国梧桐光滑的树皮上排列成行，全部头朝上，雌雄混杂，相互之间只相隔几厘米。

蝉把喙插进树皮里吸食树汁，身体却一动也不动。太阳移动，树荫的位置也随着移动，蝉会绕着树枝微微侧移，以保证自己一直处于阳光和热量最充足的地方。不管蝉是否在吸食树汁，那歌声都不会停止。

蝉吸食树汁

这无休无止的歌唱真的是充满激情的爱之歌吗？我深表怀疑。在蝉的集会中，雄蝉和雌蝉近在咫尺，谁会花几个月时间呼唤一个肩并肩的同伴呢？此外，我也从未见过一只雌蝉冲到歌声最为嘹亮的雄蝉身边去。蝉的视力很好，凭观察就可以在婚前选择一个合适的配偶，根本不必没完没了地向心上人表白——因为雄蝉心仪的对象就在身旁。

那歌声是不是雄蝉在展现自己的魅力，以打动铁石心肠的雌蝉呢？我表示怀疑。因为没有任何迹象表明雌蝉产生了满足感——尽管求爱者振动音钹的热情已经达到了极点，我从未见过雌蝉颤抖身体甚或摇晃一下脚。

农民邻居们告诉我，每到收割时节，蝉就会冲他们放声歌唱：收割吧！收割吧！收割吧！于是农民们在劳动的时候就有了劲头。农民们收获谷物，我收获知识，我们都被蝉的鸣叫声所激励。不同的是，农民获得的是物质食粮，而我得到了精神上的满足。我能理解农民们对蝉鸣的解释，这表达了他们质朴、美好的愿望。

然而，科学需要严密的解释，而不是把人类的情感强加于昆虫。雄蝉如此卖力地振动音钹鸣唱到底会对雌蝉产生什么影响？我们无法预知，也无从假设。我只能说从外表上看雌蝉似乎无动于衷，当然，我也不会固执己见——因为昆虫的感情世界实在是深不可测。

另一个疑点是，所有受歌声影响的生物都有敏锐的听力，这听力像哨兵一样，一有风吹草动就会报警。鸟的听觉就十分敏锐。树叶在树枝之间摇晃或者两个路人在谈话都会让它们立马安静下来，进入紧张的戒备状态，但是蝉却像什么都没听见。蝉的视力极佳，它那大大的复眼小眼面把左右两侧发生的情况尽收眼底，三个侧单眼则像红宝石制成的微缩望远镜，随时留意天上发生的事情。如果见到我们走近，蝉立马就会安静下来飞走。不过我们可以躲到蝉唱歌的树枝后面，即蝉五只眼的视力范围之外，然后怎么折腾都行——讲话、吹口哨、拍手、敲击石头。如果换作是鸟，它们即使没看见你，也会停止唱歌，惊慌失措地飞走。可是，蝉却旁若无人地接着唱歌，好像什么也没发生过一样。

关于这一点，我做过很多实验，在这里我只说一个最不同凡响的。

我借了乡里的火炮，其实就是一堆铁盒子，通常只在瞻礼节的时候使用。听说我要做蝉的实验，炮手很乐意帮我。他在火炮里装满火药，准备对我家门前的蝉实施炮轰。两个铁盒子里都装满了火药，就好像要迎接一个盛大的庆典，即使是政治家在巡回竞选时也没有享受过如此高的待遇。为了防止我家窗户被火炮振碎，我把它们都打开了。这两门炮就架在我家门前的法国梧桐下面，没遮没拦，因为在树上唱歌的蝉根本看不到树下的情况。

一起做这个实验的共有六人，有负责观察的，有负责听声音的。大家都期待着炮声过后会有片刻的宁静。开炮之前，我们每个人把蝉的数目以及叫声的音量和节奏检查了一遍，然后站在一旁准备聆听空中变奏。一切就绪，第一门炮发出雷鸣般的巨响。

树上的蝉依然故我。歌唱者的数量没变，节奏没变，音量也没变。参加实验的六个人看法一致：炮声对歌唱者一点儿影响也没有。第二门炮得到的结果也完全相同。

乐队仍在孜孜不倦地演奏，在炮响的时候没有一点儿受惊或是警觉的迹象，这说明什么？难道蝉是聋子？我不敢妄下断语；不过如果有人比我胆大，敢下这个结论，我也没有理由不同意。至少，我必须承认，蝉的听力极差，有句俗语用到蝉身上恰到好处：像个聋子一样大喊大叫。

在乡间的鹅卵石小路上，蓝翅膀的蟋蟀一边惬意地晒着太阳，一边用强壮的后足擦着覆翅①粗糙的边缘。下雨之前，绿色的树蛙会在灌木丛中鼓起喉咙，形成共鸣腔。它们是在召唤配偶吗？绝不可能。前者摩擦翅膀的声音实在太小，后者虽然嗓门大，但是期待的伴侣也没来。昆虫真的需要用如此吵闹的声音来表白自己的爱慕之情吗？观察发现，大多数昆虫的两性结合是悄无声息的。蚱蜢的小提琴、树蛙的风笛以及"咔咔"的音钹，都只是它们用于表达生命愉悦的手段。每一种动物都会以自己独特的方式来表达对生命的热爱。

如果你想告诉我，蝉每天演奏着聒噪的乐器，毫不顾忌自己发出的声音多么令人烦躁，原因只是觉得活着就很开心，正如我们心满意足的时候会拍手一样，我应该不会很惊讶。如果说它们的盲目自信里还有另一种东西，能吸引默不作声的雌蝉，那也是有可能的，只是现在还没有被证实。

---

① 质地坚韧似皮革，翅脉大多可见。这类翅一般不用于飞行，平时覆盖在体背和后翅上，具有保护作用。

第四节

蝉的产卵与孵化

　　蝉通常把卵产在干燥的细枝上。雷奥米尔观察后认为，蝉只在桑树上产卵。这说明雷奥米尔仅在阿维尼翁附近寻找蝉卵，而没有扩大搜索范围。据我观察，不光桑树上有蝉卵，桃树、樱桃树、柳树、日本女贞等其他树种上也有蝉卵。其实这些都是个别情况，蝉的最爱是纤细的小树枝，粗细介于麦秆和铅笔之间，木质部分要薄，木髓部分要厚。如果能满足这些条件，是哪种树并不重要。如果要我把能供雌蝉产卵的树种逐一列出，恐怕村里所有半木质植物都榜上有名。

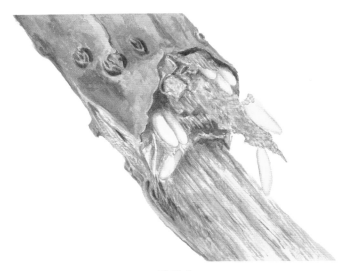

蝉的卵

蝉不会挑选平行于地面方向的嫩枝，它喜欢竖直方向的，蝉所选择的树枝通常是自然长成竖直状态的，有时也会是断枝。即使是断枝，也要树枝恰好断成竖直状态。蝉喜欢光滑的长树枝，还要求粗细均匀，这样它就可以把卵全产在上面了。我见过的质量最好的卵都产在鹰爪豆的细枝上和阿福花的高枝上，前者很像髓质丰富的麦秆，后者要长到大约一米高才开始分杈。

不论在哪种树上产卵，有一点至关重要，那就是支撑物必须已经死亡，而且已经完全干枯。

为了产卵，蝉首先要在树枝上斜着扎出一些小孔。就像一个人用针尖斜着刺入树枝，撕裂木质纤维，使树枝表面受到挤压产生一些小凸起一样。

如果树枝粗细不均或者有几只蝉相继在同一根树枝上打孔，那么小孔的分布就会杂乱无章，令人眼花缭乱，分不出它们的先与后，也辨不出它们分别是哪只蝉打的。但有一点不会错，蝉穿孔产生的木质碎片总是斜向排列，这表明蝉打孔的时候保持直立的姿势，然后把喙向下插入树枝里。

如果树枝粗细均匀并且光滑度和长度足够，那么蝉所打的孔就会在一条直线上等距排列。孔的数量并不固定，如果蝉妈妈在打孔的时候受到干扰，中途飞往别处产卵，那么孔的数量就会不足；如果所打的孔能容下所有卵，那么孔的数量就应当有三十至四十个。

每个孔都通向一条斜的隧道，深入到树枝的髓鞘。孔入口一般是敞着的，除非产卵的时候一束木纤维恰好被推开，产完卵等产卵管处的两把锯子一移开，木纤维又恢复闭合状态。个别时候，你会在木纤维中看到闪闪发光的斑块，摸上去感觉像干了的鸡蛋清。这种亮斑只不过是蝉在产卵过程中留下来的少量蛋白质分泌物，也可能是为了方便产卵管处的锯子打孔而分泌的。

孔的下方就是卵室，卵室是一个隧道形的凹洞，几乎占据了这个孔和与它相邻的孔之间的全部距离。有时不同的孔被完全打通，各个卵室连在了一起。因此，尽管卵是从不同的孔排入的，但在卵室里排成了一行。不过，这种情况并不常见。

卵室里卵的数量差异很大。据我观察，每个孔里的卵从六枚到十五枚不等，平均为十枚。卵室的总数约为三十个到四十个。这样算来，雌蝉一次要产三百至四百枚卵。通过解剖蝉的卵巢，雷奥米尔也得到了相同的结果。

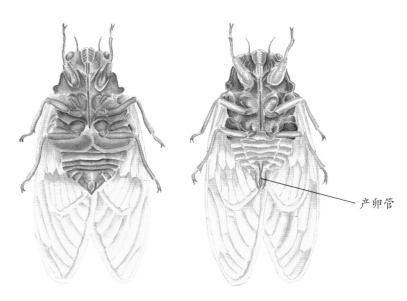

产卵管

雄蝉（左）与雌蝉（右）

这真是一个大家族，仅凭数量之众就足以应对最严峻的危机。蝉的成虫所经历的危险情况并不比其他昆虫多。蝉的眼睛时刻保持警惕，一旦遇到险情能迅速离开，而且飞行速度很快；况且它又住在高高的树枝上，根本不用担心草丛里那些到处游荡的坏人。不过麻雀确实视蝉为美食。有时，早有预谋的麻雀会从屋顶上猛扑向法国梧桐，一把抓住这个只能绝望尖叫的歌唱家。只消啄几下，蝉就会被撕成碎片，成为一窝雏鸟的美餐。然而麻雀时常免不了败兴而归，因为蝉能预见到自己即将遭到攻击，随即把身体中的全部尿液射向偷袭者的眼睛。

但是除了麻雀，蝉还有更恐怖的敌人——绿螽斯（俗称蝈蝈）。夜幕降临，蝉停止了歌唱。它们在太阳的炙烤下演奏了一整天的交响乐，现在已经疲惫不堪，既然夜幕已经降临，也该歇歇了。晚上是蝉休息的时候，然而蝉的安睡总被打断。在法国梧桐茂密的枝叶中突然传来一声痛苦的尖叫，声音急促而刺耳，这是蝉被绿螽斯惊醒后发出的最后哀鸣。热衷于在夜间捕食的绿螽斯扑向蝉，把它从背部撕开，吞掉它肚子里的内脏。经历了白天的音乐狂欢之后，蝉在夜里惨遭屠戮。

我有幸目睹了悲剧发生的整个过程。一天破晓时分，我在自家门前踱来踱去，突然，不知什么东西尖叫着从旁边的法国梧桐上跌下来。我赶忙跑过去看个究竟，竟看到一只垂死挣扎的蝉正被绿螽斯开膛破肚。蝉的挣扎和哀鸣只是白费力气，绿螽斯绝不会对它的猎物有丝毫放松，它把头扎进猎物的内脏里，然后一口一口地吃掉。

这个故事极有教育意义。袭击来自我的头顶，发生在清晨，当时蝉正在休息。这个可怜的小生物在被活剖的时候还在奋力反抗，最终和绿螽斯一起掉到树下。从那儿以后，我经常目睹类似的惨剧发生。

我曾见到无耻的螽斯扑向蝉，可怜的蝉吓得落荒而逃，这情形就像雀鹰在空中追逐云雀。然而鸟类的捕食行动却不似昆虫那样残忍，鸟类擅长捕食体形比自己小的生物。相反，螽斯则偏爱攻击体形比自己大、战斗力比自己强的对手。虽然实力远不及对手，但螽斯的胜算很大，因为它的上下颚强健有力，就像钢钳一样，几乎每次都能成功地将猎物开膛破肚，很少失手。那些没有制胜法宝的猎物除了尖叫和挣扎以外，再无其他办法。

蝉在昏昏欲睡的时候很容易成为别人的猎物。一旦在夜间遭遇凶残的螽斯，蝉免不了死得很惨。所以，尽管在深夜和清晨时蝉的音钹已经休眠了很久，但有时林间会突然传来凄厉的尖叫。这些狂徒，浑身豆青，悄悄靠近一只沉睡中的蝉。要是我想养几只绿螽斯的话，给它们找食物肯定不是什么难事，我可以抓很多蝉扔进养螽斯的笼子里。在法国北部，人们把绿螽斯误认作蝉；到了南部，假蝉倒把真蝉给吃了。

然而蝉之所以产这么多卵，生育这么多后代，既不是因为麻雀，也不是因为绿螽斯，真正的危险来自别处。不要着急，谜底马上揭晓——在蝉产卵和孵化的时候才蕴藏着深刻的危机。

蝉从地洞里钻出来两三周后就到了七月中旬，这时正是蝉开始产卵的时候。为了避免过多地依赖巧合来观察蝉产卵的过程，实验前我做了充分的准备，以确保万无一失。从之前的观察中知道，蝉喜欢在干枯的阿福花枝上产卵。阿福花的枝条修长而光滑，对于做实验非常有利。在我搬到法国南部的头几年里，我把院子里的蓟属植物都换掉，改种刺少又好养活的当地植物，其中就有阿福花，这是做实验的好材料。我没有把前一年的枯枝移走，等产卵季节一到，我就可以每天来这里观察了。

等待并不漫长，七月十五日，我就如愿地在阿福花的枯枝上发现了很多正在产卵的蝉。怀孕的雌蝉总是各自为政，每个蝉妈妈都待在属于自己的树枝上，这样在产卵这个脆弱的阶段就不用担心被打搅了。

一只蝉产完卵离开，另一只蝉才会来，它们就这样轮换着占据同一根细枝。其实细枝上的空间足够所有蝉同时产卵，但每只雌蝉产卵的时候都不希望周围有别的蝉打搅。它们彼此之间没有任何不愉快，产卵在极其和平的气氛中进行。如果一只雌蝉找到的细枝已被别的雌蝉占据，它会立马飞走，另觅他处。

和在别的情况下一样，雌蝉在产卵的时候喜欢保持身体竖直。它如此专注于自己的使命，即使用放大镜来观察，它也不会逃走。蝉的产卵管长约一厘米，从头至尾整个斜插入树枝中。因为有了这个利器，蝉在产卵的时候几乎不会遇到什么障碍。我们看到蝉的身体微微颤动，腹部末端频繁地胀缩。这就是能观察到的全部情形。蝉的钻孔工具是两把小锯子，小锯子在细枝的表皮上上下运动，动作之轻让人无法察觉。产卵的时候，蝉一动不动。从产卵管刺下第一针到卵室里充满卵只需不到十分钟。

接着，蝉小心翼翼地抽出产卵管，以防拉断或变形。在打孔时被推开的木纤维自动恢复原位，将卵室关闭。

白阿福花

蝉则沿着直线方向向上爬到距离原来打的孔大约一个产卵管长度的位置，然后在新位置再扎一个孔，造一个新的卵室，产十至十二枚卵。就这样，蝉把卵从细枝的底部一直铺到顶部。

得知上述情况之后，我们就能解释卵为何排列得如此整齐了。细枝表皮上的孔基本上是等距的，因为蝉每次向上爬的高度相同，都等于一个产卵管的长度。虽然飞行速度很快，但蝉却是一个极其懒散的步行者。通常我们见到蝉的时候，它都在活树枝上吸食汁液，只有在太阳移动了之后，它才会慢吞吞移到旁边阳光更充足的地方，那样子好像很郑重其事。在产卵的时候，蝉保持了这种慢条斯理的风格，甚至有过之而无不及，因为这项工作太重要了。蝉尽量减少移动，只要两个相邻的卵室不要连在一起就好。蝉每次向上移的距离大致等于孔的深度。

如果蝉打的孔不多，那么这些孔就会整齐地排成一条直线。既然细枝的所有表面都一样，雌蝉何必要左右移动呢？蝉对太阳无限热爱，它会选择细枝上光照最强的一面。只要感到阳光直射后背，它就会高兴得忘乎所以。然后蝉会小心翼翼地守住这块带给它快乐的地方，尽量不让自己偏离这个方向。

把所有卵都产在一根细枝上是一个很耗时的过程。按每个卵室花十分钟计算，四十个卵室要花费六七个小时。在雌蝉结束产卵之前，太阳势必会移动相当一段距离，于是孔的排列就会呈螺线形，因为为了迎向太阳，蝉会改变在树枝上移动的方向。

当蝉全身心地投入产卵的时候，经常会有一种小飞虫前来搞破坏，它们破坏蝉卵的速度与雌蝉产卵的速度一样快。

雷奥米尔也知道这种昆虫。在他观察过的几乎每一根细枝上都有这种小飞虫，这使他在研究一开始就迷惑不解。然而，他一直未能了解这些恶棍是如何下手的。这是一种小蜂科昆虫，身长四毫米到五毫米，通身漆黑，触角有很多节，末端稍粗。这种昆虫的产卵管位于腹部下方的中间位置，与身体的中轴线成直角，位置与野蜂的天敌——褶翅小蜂相似。可惜我没有提前做准备，也没能捉住一只做样本，我甚至不知道生物学家有没有给这种昆虫分类，更别提知晓它的拉丁名了。我只知道它胆大包天，竟敢在只需一抬脚就能把自己踩死的巨人面前行凶。我曾亲眼见到一只倒霉的雌蝉被三只小飞虫围攻，它们紧紧跟在雌蝉身后，或者在忙着把自己的刺针插入蝉卵中，或者在等待雌蝉产卵。

在一个卵室产完卵后，蝉稍稍向上爬以便刺下一个孔。蝉刚一走开，恶棍就跑过去搞破坏。巨人的爪子就在眼前，但小飞虫竟然毫无惧色，还一副等着邀功的样子。只见它亮出刺针，直插进排成

产卵寄生于蝉卵的小蜂科昆虫

一行的蝉卵。蝉打过孔的地方木纤维已经破碎，但是小飞虫并不从这些地方下手，而是刺向旁边的缝隙。小飞虫刺的地方木质没有被破坏过，因而工程进展得很缓慢，这段时间恰好可以留给雌蝉在邻近的卵室中产卵。

雌蝉前脚刚走，在下面卵室搞完破坏的小飞虫立马就会取代它的位置，将自己的卵产到蝉卵里。当雌蝉离开的时候，它的卵巢空空如也，而卵室中的绝大多数蝉卵已被外族的卵入侵，等待这些蝉卵的将是灭顶之灾。小飞虫的卵先于蝉卵孵化成幼虫，于是蝉卵就成了这些幼虫的美食。就这样，蝉的家成了小飞虫的天下。

几个世纪过去了，蝉一如从前，没有吸取任何经验教训。蝉的视力如此之好，怎么可能没有发现近在咫尺的恶棍呢？忍气吞声的巨人，真是窝囊至极！既然你看见小飞虫在搞破坏，为什么不用爪子把这些侏儒就地正法呢？这样你就可以安心地产卵了。但你没有，你听之任之，放纵它们逞凶。你无法改变忍气吞声的本性，哪怕是为了拯救自己的孩子也不行。

普通蝉的卵呈银白色，中间长两头尖，酷似织布用的梭子，长度约两毫米半，直径半毫米，在卵室里排成一行，彼此之间略有交叠。"咔咔"的卵稍小，排列得非常整齐，让人想起袖珍版的雪茄烟盒。接下来，我们只介绍普通蝉，因为它的故事完全可以代表别的蝉的情况。

九月还没过完，银白色的卵就变成了奶酪黄色。到十月初的时候，卵的前端出现了两个很小的栗色圆点，这是没成形的胚胎长出的眼睛。卵呈圆锥形的头部再加上两只似乎能看见东西的亮闪闪的眼睛，活脱脱就是一条没有鳍的鱼。但是这条"小鱼"实在太小了，半个核桃壳大小的水族馆已经足够它畅游了。

这时，在我家院里和附近小山上的阿福花枝上经常能看到新近有蝉卵孵出来的迹象。新出生的若虫急于寻找新的住所，把丢弃的破衣烂衫留在了卵室门口。过一会儿我们将讨论这些蜕下来的旧皮到底有什么用。

尽管我老来观察也非常用心，但从没有见过若虫从卵室里爬出来的样子。在室内的观察也同样一无所获。两年过去了，我在盒子里、试管里、瓶子里收集了上百根布满蝉卵的不同植物的枝条，但没有一根让我见到所期待的场景——新生若虫从卵室里钻出来。

雷奥米尔跟我一样一无所获。他告诉我们，朋友给他弄来的蝉卵全都夭折了。为了保暖，他把蝉卵放进玻璃试管里并把玻璃试管夹在腋下，即使这样也没能看到若虫孵化出来。唉，敬爱的大师，这样行不通！我们书房和实验室里的热度，甚或我们的体温，都不足以为蝉卵提供足够的庇护。它们需要更强烈的刺激物——太阳的照射。寒凉的早晨过后，秋日的阳光依旧能爆发出火热的激情，这也算是夏天给蝉的最后关怀吧。

就这样，寒凉的夜晚过去，白天依旧阳光强烈。就是在这段时间里，我发现有的若虫已经完成了孵化。但我总是来迟一步——若虫已经离开了，顶多偶尔撞见一只若虫悬在它出生的细枝上正用力挣扎。我想它大概是被蛛丝挂住了。

随着时间的推移，成功的希望越来越渺茫。到十月二十七日，我把院子里的阿福花枝收集在一起，从中拣出雌蝉产过卵的枝条，放到书房里。在放弃所有希望之前，我打算再检查一次卵室和里面的卵。那天早上凉凉的，我在屋里生起了冬天里的第一把火。炉火前有一把椅子，椅子上放着带有蝉卵的枝条。我没想过要测试火苗的热度对藏在枝条里的卵起什么作用，只是想把枝条一根一根地劈开。把它们放在火旁就是为了好拿，别无其他理由。

　　然而，当我用放大镜观察一根劈开的枝条时，我本以为观察不到的现象竟然出现在我眼前：这些枝条突然呈现出勃勃生机——几十只若虫从卵室里爬出来，数量之众令我作为观察者的"贪欲"得到极大的满足。这些卵已经成熟，正好处于即将孵出来的临界点上，再加上火光的明亮和热度能产生与户外日照等同的效果，于是意想不到的好运气很快就降临到我身上。

　　从卵室门口被撕开的木纤维缝隙向里看，有一个圆锥形的小东西，上面有两个黑黑的像眼睛一样的圆点，这里很可能是卵的前端，或者，如前所述，是没有鱼鳍的"小鱼"的前端。卵莫名其妙地移动了位置，从卵室底部移向门口。一枚卵竟然能在如此狭窄的通道里移动！难道卵会行走？不，不可能！这不是卵能做的事情！一定另有原因。让我们劈开一根细枝看个究竟吧！卵还在那里，只是排列没那么整齐了，其实卵里面已经空了，只剩下透明的壳。壳的上部有一个很大的开口，从开口处钻出一个怪头怪脑的生物，它的特征如下：

　　从总体上看，这种奇特生物的头部和大大的黑眼睛比卵更像超级迷你版的鱼，腹部像鱼鳍一样的结构更增加了这种相似性。鱼鳍状的结构其实是若虫的前足，前足包裹在一个特殊的鞘里，向后方弯曲，关节前后并拢成一条直线。"鱼鳍"微微摆动，使若虫得以逃离卵壳，然后再花点儿力气，"鱼鳍"就可以帮助若虫从木纤维隧道里爬出来。"鱼鳍"微微向身体外侧张开，然后再缩回来，就像杠杆一样支撑着身体向上爬，再加上若虫的尾钩已经发育得相当强壮有力了，也可以辅助移动。其他四只足裹在同一个套里，一动也不能动。触须也是如此，即使用放大镜看也很难找到。从蝉卵里钻出来的生物有船形的身体，两个前足收紧，在腹部形成向后伸展的鱼鳍形结构。若虫的体节非常清晰，尤其是腹部。整个身体光滑至极，一根毛也找不到。

我们应该把蝉刚从卵里出来的阶段叫什么呢？这一阶段的蝉长得太奇怪、太出人意料了，没人能想到它会是这个样子。是不是要把希腊字母组合一下，造一个谁也没见过的新术语呢？至少我不会这样做，因为我认为那些生造的术语只会阻碍科学的发展。我还是简单地把它称为"初态若虫"吧，对其他昆虫我也是这样处理的。

初态若虫的体形很好地适应了环境，对于爬出卵室极为有利。蝉卵的孵化隧道非常之窄，仅能容下一只若虫钻出。此外，蝉卵在卵室里排成一行，但并非头尾相接，而是部分重叠。排在最后的若虫还得挤过排在前面的若虫留下的卵壳，于是通道就显得愈发狭窄了。因此，在这种条件下，后面的若虫即使已经撕破外皮，也不能通过这么窄的通道。对这些刚孵化出来的若虫来说，触须累赘，伸展的四肢累赘，弯曲的脚爪会钩住支持物，这些都会阻碍若虫尽快逃离卵室。同一个卵室里的卵几乎是同时孵化的，因此第一个出生的若虫必须尽快离开卵室，这样才能给后出生的若虫腾出通道。船形的身体、光滑的表皮都有助于若虫越过障碍。刚出生若虫身上的突出部分都被裹在一个鞘里，整个身体像小鱼一样，只留下仅能小幅移动的前足，这样它才能从狭窄的隧道中顺利爬出来。

初态若虫阶段非常短暂。例如，现在正有一只若虫在往外爬，它先露出长着黑亮大眼睛的头部，然后从卵室门口破碎的木纤维中探出身子。它一点儿一点儿地向上移，速度之慢即使用放大镜看也很难察觉。至少过了半个小时，我们才看见这个小东西的整个身体，但是身体后半截仍卡在洞口。

初态若虫一旦离开洞口，裹在身上的原始外套瞬时就会裂开，从头部开始渐渐露出若虫真正的皮肤。蜕皮后就是我们经常见到的若虫了，雷奥米尔知道的也就只是这种若虫。

若虫丢弃的外套像线一样悬着，自由飘散的一端呈杯形，与若虫腹部的末端相连。在接触地面之前，若虫要先晒晒太阳，使自己更结实，还要伸展四肢，看看力量足不足——尽管命悬一线，它还是惬意地轻轻摇晃。

雷奥米尔称这种起初为白色，后来转成琥珀色的小虫子为"小跳蚤"，它们就是即将在地里打洞的若虫。若虫长长的触须自由地前后摆动，各足均在关节处弯曲，较强壮的前足一会儿张开脚爪一会儿收紧脚爪。很难想象世间还有比这更奇妙的景象："小体操健将"靠尾部悬在半空中，身体微微颤动，随时准备腾空一跃，在它生存的世界里来个华丽的亮相。若虫挂在树枝上的时间有长有短，有的挂半小时，有的在长颈的"杯子"里要耗几个小时，还有的甚至要挂到第二天。

不过，早也好，晚也罢，若虫终归要彻底告别包裹它的外衣，从细线上掉下来。在一窝孵化出来的所有若虫都离开后，老巢门口就会挂着一把又短又细的线，相互纠缠在一起，就像干了的鸡蛋清。每根线在自由飘散的一端都呈杯状。这些若虫留下的遗物娇小玲珑，一碰即散——即使有一丝微风吹过，也会在瞬间把它们吹跑。

再来看若虫。正如我们看到的那样，若虫早晚会掉到地上，或者出于有意，或者不小心摔落。这个和跳蚤差不多大小的微弱生命，为了防止柔嫩的肌肤马上触碰坚硬的地面，不惜把自己吊在半空中。接下来，若虫就要面对残酷的生活了。

可以想见，若虫未来将遇到数不尽的危险。哪怕只是一阵微风，也能把这个微弱的小生命吹到路中间车马印迹形成的小水洼里，撞上大石头；或者吹到寸草不生的沙地里；又或者吹到无法打洞的坚硬地面。这些致若蝉于死地的危机经常会发生，因为十月底的时候天气已经开始转凉，刮风也是常有的事情。

这个娇弱的小生命需要极其松软的土壤，这样它才能很轻松地钻进去，迅即找到一个安身立命的居所。眼看冬天就要到来，再过不久地上就会结霜，这个时节在地表上游荡是很危险的，若虫必须尽快钻到地下去，而且还必须是很深的地下。这是若虫能够生存下去的唯一条件，但在很多情况下根本无法实现。在石头、沙子和硬地面上，"小跳蚤"的爪子能派上什么用场？如果不能及时找到一个隐蔽的地下居所，这个小生命恐怕难逃一死。

所有迹象表明，很多意外都能阻止若虫在地下找到一个立足点，这才是威胁蝉家族的重要因素。破坏蝉卵的黑色寄生蜂已经让蝉妈妈痛失了很多后代，在地下寻找避难所的艰难是另一个影响种群存亡的重要因素。因此，每个蝉妈妈一次要产下三四百枚卵。未来的蝉宝宝要经历那么多劫难，蝉妈妈不多产才怪呢！蝉家族帮助后代应对重重危机的法宝正是超强的生育能力。

在实验的最后部分，我要给若虫提供良好的环境，让它们在寻找第一个住所的时候遇到尽可能少的困难。我从外面挖了点儿松软的黑土，用很细的筛子筛好。黑土的颜色与若虫浅色的皮肤形成鲜明的对比，让我很容易知道这个小东西在里面做了些什么。黑土很松软，给这些脆弱的小家伙作避难所再合适不过了。我拿了一只玻璃花瓶，把黑土放进去压实，还在土里种了一小丛百里香和几粒小麦。花瓶底部没有孔，虽然这样可能会影响百里香和麦粒的生长，但可以确保我的"小囚犯"不会从瓶底溜走。看来只能让植物受点儿委屈，忍受一下排水系统的缺陷。但这样至少能保证，只要我拿着放大镜耐心寻找，总能在里面找到蝉的若虫。不过，我会尽量少浇水，只要里面的植物死不了就行。

一切就绪。当麦粒开始发芽的时候，我在花瓶的土里放了六只若虫。这些小东西到处乱爬，很快就探测出土的表面在哪里，其中几只不知深浅的还想顺着花瓶的内壁爬出去。竟然没有一只若虫想把自己埋进土里，我开始沉不住气了：它们为什么要花这么长时间探索周围的环境？两个小时过去了，六只若虫还在到处游荡。

它们在找什么？是食物吗？我赶忙撒了一些已经发了很多芽的鳞状茎、碎叶片和嫩草叶，但是没有一样能吸引它们的注意力——它们依然四处游荡。显然，在打地洞之前若虫要寻找一个合适的地点。不过在我为它们准备好的土上犹豫不决是多余的。在我看来，整块地方都适合它们打地洞，这也是我期望看到的场景，但实际情况却完全相反。

在自然环境中，若虫四处巡视很可能是必不可少的步骤，但是我给若虫准备的土是从灌木根部挖出来的腐殖土，非常松软，我还把里面的硬物挑了出去，并用筛子仔细筛过。这样的土质条件在自然环境中很难找到。对如此纤弱的小生命来说，在自然条件下碰到的土质大多比较粗糙，这些小东西根本挖不动。因此，在找到一个合适的打洞地点之前，若虫必须四处游荡，甚至长途跋涉。毫无疑问，一定有不少若虫在漫长的寻找过程中因体力不支而死去。于是在直径十几厘米的范围内探查就成了若虫必须做的功课之一。在我构筑的"玻璃牢房"中，优良的土质比比皆是，根本没必要远行，可它们依然要按照代代相传的神圣习俗履行这一步，不能跳过。

终于，若虫们四处游荡的兴致不那么高了。我看见它们在用前足上弯弯的爪子挖土，挖呀，挖呀，挖出来了一个粗针能穿进去的洞。借助放大镜，我看到它们在埋头工作，小爪子不断地把一粒一粒的土刨到外面。没过几分钟，一个小洞挖好了。若虫爬进去，把自己埋起来，从此消失不见。

第二天，我把花瓶里的土倒了出来。因为土被百里香和小麦的根固定住了，所以取出来时仍能保持原来的形状。我发现所有若虫都在瓶底，前方被玻璃挡住了去路。二十四小时之后，若虫都钻进十厘米深的土里。要不是有瓶底的玻璃挡着，它们恐怕还能钻得更深。

　　若虫在打洞的时候，十有八九会碰到我种的植物的根。它们会不会停下脚步，把吸管插进去吸取营养呢？应该不太可能，因为有些根已经深入花瓶底部，但当我把土倒出来时，没有一个"小囚犯"在上面吃东西，或许在我翻转花瓶的时候把它们晃下来了吧。

　　显然，在土层深处，若虫除了从植物根部吸食汁液外，再也没有其他食物来源。蝉的若虫和成虫都是绝对的素食主义者：成虫以树枝中的汁液为食；若虫则吸取根部的汁液。但若虫是从什么时候开始吸

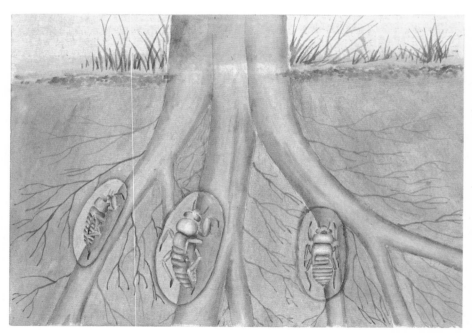

若蝉洞穴中的树根

第一口的呢？到目前为止我还无从得知。从之前的实验结果来看，为了在冬天到来之前找到一个安身立命的居所，新出生的若虫急于钻到更深的地下，而不是在碰到根的时候止步不前，开怀畅饮。

我把倒出来的土重新放回花瓶里，把六个刚刚解放的"小囚犯"放在土的表面。这一次，它们马上开始挖掘工作，很快就不见了。接着，我把花瓶放到书房的窗台上，让它能受到室外天气的影响，不管影响是好是坏。

时间过去了一个月。到十一月底的时候，我再次把花瓶里的土倒出来，发现若虫蜷缩在花瓶底部，彼此分开，但都没有附着在根上。它们的个头和外形都和实验前没什么两样，只是不像从前那样精力旺盛了。在冬天最温暖的月份里都没有长大，这是否意味着若虫在春天到来之前不会进食呢？

西塔尔芫菁的幼虫身形也很小巧，雌虫通常把卵产在条蜂的洞口。幼虫一孵化出来就在原地凑成一堆，一动不动，整个冬天都处于不吃不喝的状态。看来蝉的若虫也是如此。一旦它们钻到能让自己免受霜冻之苦的深度，就会在那里睡上一个冬天。直到来年春天，它们才把吸管插进身边的树根里，第一次品尝甘美的汁液。

我本想通过观察来证实这个推断，但没有成功。四月里，我第三次把百里香花瓶里的土翻出来。这一次，我把土块打散、铺平，用放大镜仔细检查。想寻找若虫简直就像从干草堆里拣一根针，不过最终我还是找到了。不幸的是它们已经死了，或许是因为寒冷，尽管我曾用玻璃钟罩罩住花瓶，又或许是因为饥饿——百里香不合若虫的胃口。总之，要回答这个问题难度实在太大，我不得不选择放弃。

饲养蝉的若虫需要土层足够深，这样才能帮助它们抵御冬日的严寒；因为我不知道哪一种植物更适合若虫的胃口，所以需要足够大的地方种植几种不同的植物，好让它们根据自己的喜好有所选择。以上两个条件并不是做不到，但想当初我在花瓶的腐殖土里寻找若虫还那么费劲，更何况要在将近一立方米的土里呢？就算我能找到若虫，恐怕它也已经从根上掉下来了。

我们无从知道早期的若虫是如何在地下生活的，也没有渠道了解更成熟的若虫会怎样。在田间耕作的时候，不管挖得深、挖得浅，再没有什么比在铁锹下找到这些性急的挖掘者更稀松平常了。但想

在地下生活的若蝉

100

在若虫正趴在植物根上吸取汁液时发现它们就是另一回事了。一旦周围的土被人翻动，若虫就会有所警觉。它们会收起吸管，撤退到洞穴底部，所以，当它们被铁锹翻出来的时候，恐怕已不在吸食状态了。

田间耕作难免会打扰蝉的若虫，通过这种方式无法了解它们在地下生活的真实情况，不过至少能知道若虫阶段到什么时候结束。三月深耕的时候，有几位好心的农民把劳动时挖出来的大大小小的蝉拿给我，总数得有几百只。我把它们按大小分成三组：大型、中型和小型，其中大型若虫的翅膀处已经开始发育，和即将出洞的若虫一样。三组若虫似应对应于不同的年龄段，再加上去年十月前后才从卵里孵出来的若虫（我的农民朋友恐怕发现不了这么小的东西），由此可以判断蝉的若虫要在地下待四年。

蝉生活于地面上的时间倒是很容易计算，通常在夏至前后响起第一声蝉鸣，一个月后交响乐达到最高潮，挨到九月中旬就只剩下少数几个迟到者不成气候的独唱了。这场音乐会也就在这个时候画上句点。因为若虫出洞的时间有早有晚，所以很明显，那些到九月份还在唱歌的蝉肯定与从夏至起就开始唱歌的蝉不是一拨。取整个这个时间段的中间值，我们可以认为，蝉在地面上的生活时间为五周。

四年不见天日的辛苦劳作，只换来一个月的阳光灿烂，这就是蝉的一生。请大家不要再去指责蝉在夏天里洋洋自得地唱个不停。在过去的四年里，它穿着脏兮兮的黄外套，一直用爪子刨土。如今满身污浊的挖土工突然披上了美服华衣，还插上了一双可以与鸟儿媲美的翅膀。蝉在烈日的炙烤下深深陶醉，尽情享受着无比的欢愉。无论它把音钹奏得多么响，也不足以表达它对如此来之不易的短暂幸福的吹捧。

第三章

蟋蟀

"七月在野，八月在宇，九月在户，十月蟋蟀入我床下"，《诗经》曾如是描绘蟋蟀；《聊斋志异》中也绘声绘色地描写了"促织"（即蟋蟀）的形态和动作。千百年来，大家都很喜欢饲养这种可爱的小昆虫。蟋蟀隶属昆虫纲有翅亚纲直翅目（Orthoptera）蟋蟀总科（Grylloidea），种类繁多，鸣声动听。宋朝的贾似道（1213—1275）专门编写过研究蟋蟀的专著《促织经》，明清两朝也有诸多类似著作问世。

不过这些著作大多从观赏、饲养的角度出发；法布尔却对蟋蟀的发育、发声更感兴趣。

蟋蟀的歌声是由两个前翅（即覆翅）相互摩擦发出的。雄性蟋蟀右侧前翅的肘脉腹面特化，形成音挫，弯曲的翅脉上立着锯齿状的音齿；而另一个前翅对应的位置（即后缘部分）硬化，形成刮器。音挫和刮器互相摩擦，就会发出动听的声音；改变翅膀的角度，就能让声音发生奇妙的变化。更有趣的是，蟋蟀前翅上有镜膜，相当于声音放大器，前足还有一个鼓膜听器，相当于耳朵。

不同品种的蟋蟀鸣声各不相同。二十世纪开始，人们通过记录蟋蟀的鸣声鉴别出很多新的蟋蟀品种。到目前为止，见诸报道的有将近四千种蟋蟀。法布尔除了介绍田野蟋蟀之外，还介绍了意大利蟋蟀。意大利蟋蟀就是宽翅树蟋，又名竹蛉，它们的身体柔弱修长，体色常常呈现出浅绿色，喜欢栖息在树上，鸣声柔和动听，性情温和，是大家非常喜欢饲养的一种昆虫。不过，很少有人会想到它和骁勇好斗的蛐蛐竟然是近亲。

第一节

田野中的蟋蟀

观察蟋蟀的繁殖不需要什么特别的准备，只要一点儿耐心就够了——用布丰的话说，耐心是观察者的天赋；不过，我还是采用谦虚点儿的说法，把耐心视为观察者的美德。到四五月份，或者更晚些，我要在若干铺着碎土的小花盆里放入一对一对的蟋蟀，喂给它们新鲜的莴苣叶。为了防止小家伙们逃走，我还得在花盆上盖一块玻璃。

借助这些临时凑合的代用品，我获得了不少很有趣的数据。当然，铁丝扎成的笼子更好用，不过现有这种简易装置也能满足观察的需要。一会儿我们再讨论这个问题，现在先来仔细观察蟋蟀的繁殖过程，这关键的几个小时可千万不能从我们的眼皮底下溜走。

直到六月的第一周，我的耐心观察才终于有了一些收获。一天，我惊讶地看到，雌蟋蟀把产卵管垂直插入泥土中，动也不动地立在那里。它在原地待了很久，完全不在意有人在旁边。最终，它抽回产卵管，粗粗抹去产卵时留下的印迹；然后稍做休息，换个地方继续产卵。这样的动作重复了很多次，直到它的领地布满了卵。看起来，这种产卵方式简直和蚤斯一模一样，只不过蟋蟀的移动速度更慢。二十四小时过去了，雌蟋蟀似乎产完了所有的卵。不过为了保险起见，我又多等了几天。

然后我开始翻看花盆里的泥土，寻找雌蟋蟀的劳动成果。这些稻黄色的卵呈圆柱形，高约三毫米。它们各自独立地插在泥土中，插入方向与泥土表面垂直。

在整个花盆距离土表两厘米左右的深处，遍布着雌蟋蟀的卵。我尽可能地克服操作上的种种困难，把花盆里的土过筛，估计出每只雌蟋蟀可产五六百枚卵。不过，这庞大的家族很快就会面临一场残酷的筛选。

蟋蟀的卵

蟋蟀的卵简直就是一个神奇的小器械。孵化后，卵变成一个不透明的白壳，顶端有个形状非常规整的圆形开口，开口边上连着好像无檐便帽一样的盖子。在新生若虫的推挤和啃咬下，卵总是沿着一条最脆弱的裂缝被打开，而不是随便在某个位置裂开。我们应该好好观察一下卵实际孵化的全过程。

卵产下两周后，前端颜色变暗，能看到两个红黑色的大圆点。接着，在这两个大圆点略靠上的地方，即圆柱体的顶端，能看到一个圆环状的囊或称小凸起。这就是卵壳破裂时首先裂开的线，现在正在逐渐形成。此时卵还是半透明的，我们可以看到里面的小家伙精细的发育过程。现在到了我们要加大观察力度频繁探视的时候，尤其是在清晨。

幸运总是光顾耐心的人，我的勤勉终于得到了回报。在圆环状的囊周围，一系列细微变化已经为形成脆弱的裂口做好了准备。里面的小家伙用头玩命推撞卵的顶端，卵像小药瓶的盖一样被掀开，先升起再落下。破卵而出的蟋蟀简直就是从玩偶盒里钻出来的小丑！

蟋蟀爬出来之后，纯白色的卵依旧圆润、饱满，好像从未被破坏

105

过一样，圆圆的盖子挂在裂口的那一侧。再来看初生的小鸟，它们的喙上长着一个小硬瘤，只有用小硬瘤磕蛋壳，鸟蛋才会笨拙地裂开。与之相比，蟋蟀的卵则有更精巧的结构，能像象牙盒一样打开——里面的小家伙只需用脑袋一顶，铰链就弹开了。

现在，幼小的蟋蟀脱去了白色的"紧身衣"，露出浅色的躯体，接下来它要与覆盖在头顶上的泥土进行斗争才能爬上地表。只见小蟋蟀用上颚打碎土块，推到一边，并用后足将碎土往身后和身下踢。粉状的碎土没有什么阻力，很快，小蟋蟀就爬到了地面上。它在享受日光浴的同时，也会面临你死我活的生存斗争，别忘了蟋蟀可是一种比跳蚤大不了多少的弱小生命。随着日照时间的增加，小蟋蟀的体色逐渐加深。二十四小时后，它就能像成虫一样呈现出乌亮乌亮的黑色，只在胸部留下一圈白带子。白色正是它刚出生时的体色，这让我们想起婴儿蹒跚学步时绑在身上的带子。

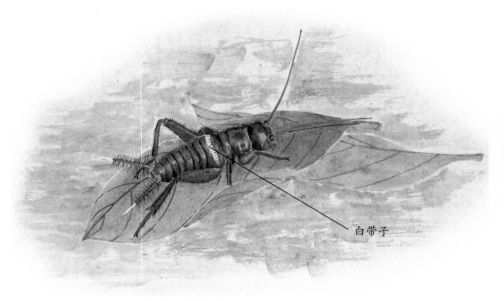

白带子

孵化二十四小时后的蟋蟀

它用长长的、颤抖的触须警觉地细听周围的响动，时而蹒跚而行，时而矫健地跳跃。这以后它会长出大肚皮，再也跳不起来。

我开始为它的饮食问题发愁。应该喂它点儿什么呢？我不知道。我试着用成虫的食物——嫩莴苣叶喂它，可它连咬都没咬一口。或许它咬的时候我没看见，对于这么小的虫子，这种情况也是有可能发生的。

短短几天时间，照顾十个蟋蟀大家庭已经让我不堪重负。我该怎么处理这五六千只小蟋蟀呢？毫无疑问，它们是一群讨人喜欢的小东西，可是我不知道如何养育它们长大啊！可爱的小东西，我把自由还给你们吧！我要把你们托付给养育你们和教化你们的大自然！

就这样，我的果园里到处都是小蟋蟀，我在最适合它们生长的地方把它们一拨一拨地放生了。如果它们都能顺利长大，明年我家门前将响起多么盛大的交响乐啊！但这是绝对不可能的，等待我的也许是一片沉寂，因为雌蟋蟀的超强繁殖力恰恰说明，随之而来的将是对种群的严格筛选。能存活下来的也许只有寥寥数对——这已经是我最好的预期了。

第一个赶来享受这活物盛宴的是小灰蜥蜴，而蚂蚁才是蟋蟀最恐怖的杀手——我担心可憎的蚂蚁会让花园里所有的蟋蟀荡然无存。蚂蚁会爬到小家伙身上，把它们开膛破肚，然后贪婪地将它们啃噬干净。

蚂蚁真是一种邪恶的生物！我们竟然还将它列为最好的昆虫！书本上没完没了地介绍蚂蚁的优点，不吝各种溢美之词；博物学家对蚂蚁也崇拜有加，不断传播它们的美誉。但真相却是，在动物界和在人类中一样，某些群体最重要的生存方式就是伤害其他生物。

人人都知道嗜血的叮人小虫子；知道身上长着毒针的恶霸黄蜂；知道蚂蚁这些法国南部小村庄中的坏蛋，它们常常像啃食无花果一样破坏房屋的椽子和天花板。然而做清洁工作的蜣螂（粪金龟）和埋葬甲却少有人知道。毋庸多言，人类历史上类似的例子还少吗？有用的东西被误解，被低估，而带来灾难的东西却得到众人的吹捧。

蚂蚁和其他蟋蟀杀手制造的大屠杀如此惨烈，起初数量惊人的蟋蟀种群在我的花园里已经几近绝迹，数量少到无法继续进行观察了。我不得不到院子外面了解更多的信息。

到了八月，在枯叶堆中，在没有被阳光烤焦的草地上，我发现小蟋蟀已经长得相当大了。和成虫一样，它通体乌黑，身上已经没有了白腰带的痕迹。它没有固定的居所，一片落叶、一块扁石头下面的小空间就足够了；它到处流浪，走到哪里，就在哪里落脚。

直到十月末快要下霜的时候，小蟋蟀才开始建造自己穴居的小窝。根据我对笼养昆虫的观察，这项工程很是简单：笼子中的蟋蟀绝不会在无遮拦的显眼地方建造自己的小窝，它们总是躲在一片吃剩的枯莴苣叶下面开始挖掘。在自然环境中，为保护小窝隐私而用作掩护的通常是草帘子。

"小矿工"用前爪不停地刨着土，还时不时地用钳子般的上颚搬走大大小小的沙砾和碎石。我看到它用长着两排棘刺的后足支撑着身体；我还看到它一边耙地一边把刨出的土块扫到身后，打理出一块斜面。这就是它的全部手段了。

一开始，工程进展得非常顺利。劳作两小时后，挖掘者就消失在花盆里松软的泥土下面了。它时不时地返回洞口，通常是尾部冲外，一边耙地一边把刨出的土块扫到身后。如果觉得太累了，它就会爬到洞口处探出脑袋，轻轻抖着触须休息一会儿。稍后又会返回地下通道，继续用钳子和耙子劳作。后来，它爬出来休息的时间越来越长，我渐渐失去了观察的耐心。

现在，这项工程最重要的部分已经完成。一旦地道的深度达到五厘米，满足眼下的需要就不成问题了。剩下的工作不用那么紧迫，以后每天抽空干一点儿，逐渐积累也行。小窝总得越挖越深，越挖越宽敞，因为小家伙越长越大，严寒的冬季也越来越迫近。哪怕在冬天，只要天气不太冷，在阳光能照到洞口的时候，如果你看到蟋蟀将少量松软的泥土推出洞来，千万不要大惊小怪，这说明它们仍在扩充和加深小窝。到仲春时节，小家伙对房子的修缮还会继续。只要房主还在，房子就会不断地得到翻修和完善。

四月末是蟋蟀开始歌唱的时节。起初，我们只能偶尔听到怯生生的独唱；很快，独唱变成了宏大的交响乐，似乎每一丛青草底下都有歌手。我愿将蟋蟀看作春之歌唱诗班的主力。在普罗旺斯的荒原上，当百里香和薰衣草盛开的时候，凤头百灵的歌声里就有了蟋蟀的和声。凤头百灵像升腾的烟花一样飞到看不见的云端，它那装满歌声的喉咙把流水般的咏叹调挥洒在广袤的大地上。在地面上，蟋蟀用歌声与凤头百灵相互应和。虽然蟋蟀的歌声略显单调，缺少华丽的旋律，然而这种质朴与春回大地给人们带来的快乐相得益彰！这是对万物复苏的赞美，对种子萌发、枝叶发芽的歌颂！我们应该把奖章授给这两位歌唱家中的哪一位呢？我想应当给蟋蟀吧，它们阵容强大，而且无休无止地唱个不停。当蓝灰色的薰衣草在阳光下散发出氤氲的香气时，百灵鸟静默了歌喉，但你仍能听见蟋蟀在独自唱着谦恭而庄严的赞歌。

于是，解剖学家跑来质问蟋蟀："把你的乐器拿给我看看，声音是打哪儿发出来的？"和真正的乐器一样，发声是一件很简单的事情。蟋蟀的发声原理与蝗虫类似，都有锯齿状的琴弓和振动膜。

蟋蟀的右覆翅覆盖在左覆翅上，除了包裹在蟋蟀侧腹部的弯折处之外，两覆翅几乎完全交叠。这一点与螽斯类不一样：蟋蟀是右撇子，螽斯是左撇子。两侧覆翅结构相同，只需要知道一侧的情况便能推断出另一侧。现在，让我们来看看右侧覆翅的情况。

右覆翅平平地贴在背上，在侧面处突然弯折，形成接近九十度的夹角，包住腹部的两侧，上面有一些斜向的平行细脉。覆翅背部那些粗大的斜纹颜色黑极了，这些深浅不一的纹路构成了一幅复杂的图画，好似纵横交错的阿拉伯文字。

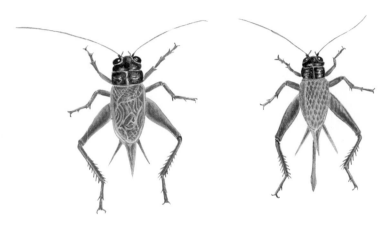

雄性蟋蟀（左）和雌性蟋蟀（右）

对着光看，蟋蟀的覆翅呈现出非常非常淡的红色，但两片相邻的大块区域除外：一块较大，位于前部，呈三角形；另一块略小，在后部，是椭圆形的。粗大的纹理包围着这两块表面上有细纹和凹陷的区域。这两块区域正是蝗虫类昆虫①的"镜子"，发声区就在这里。这地方的结构要比翅膀上的其他部分更加精细，在好像被烟熏过的地方，朦朦胧胧可以看到彩虹一样的光泽。

这就是蟋蟀们引以为荣的乐器，比螽斯的高明多了。琴弓上一百五十个锯齿同时摩擦对侧覆翅的边缘，让所有四个振动膜一齐颤动——下面的一对靠直接摩擦发声，上面的一对则靠覆翅本身的振动发声。多么

---

① 按照目前的昆虫学分类，蟋蟀不属于蝗虫类，但两者都属于直翅目。

洪亮的声音啊！螽斯只有一面微不足道的"镜子"，发出的声音只能传几步之遥；而蟋蟀拥有四个振动膜，数百米之外都能听到它的叫声。

蟋蟀叫声的嘹亮足以和蝉匹敌，而且唱出的音符要比蝉动听得多。更可贵的是，蟋蟀很有艺术表现的天赋，不信你听，它的歌声时而嘹亮时而柔和。蟋蟀的覆翅在两侧深深地折下去，这里是它们的减音器。只要向下压，或者略微抬起一点儿，声音的强度就会发生改变；而通过改变这里与柔软腹部的接触程度，它们又可以让刚刚被压制的声音达到最强。

笼子里的蟋蟀一直和平共处，直到彰显好斗本性的交配期到来。在交配期，精力旺盛的情敌们经常进行决斗，但后果并不严重。瞧，两个情敌跳起来，朝对方扑过去，试图咬住对手的脑袋——不过脑袋上有尖牙无法刺破的钢盔。随后它们滚在一起，又各自爬起来，战斗结束。落败的蟋蟀以最快的速度逃之夭夭，胜利者则会唱起得胜曲把对手嘲弄一番。接着，胜利者换了一种柔和的曲调凑到自己的意中人身边搭讪。

恋爱中的雄蟋蟀努力做出各种煽情的动作：它用闲置的前爪把一根触须钩到上下颚之间，让触须形成弯弯的曲线并用唾液润湿；它展示着自己长长的后足，时而焦躁地跺着地，时而向空中乱踢，长着尖刺的后足上露出红色的斑纹。躁动的情绪使它唱不出声来。虽然覆翅仍在快速地扇动，但却没有声音，或者，你最多只能听到没有韵律的摩擦声。

这大胆的告白让雌蟋蟀不再慌慌张张地躲到莴苣叶下面。看，它掀起"帘子"的一角向外张望，同时也希望对方能看见自己——

"她向树丛后面奔去，心中期盼着能在藏好前被发现。"

这是两千年前的田园诗人给我们留下的优美诗句。啊，纯洁的爱之躁动，哪个时代不是如此？

第二节

意大利蟋蟀

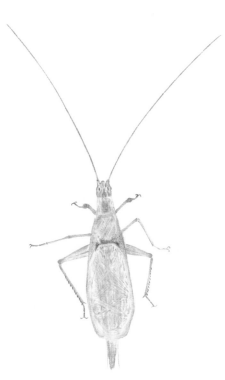

意大利蟋蟀

我家屋檐下找不见本地蟋蟀的踪影，尽管它们常常出没于面包房和农家院落。虽然在我居住的村庄，灶台石板下没有叮叮当当的声响，然而夏天的夜晚仍不乏美妙的乐声，只是歌手对于北方人来说鲜有耳闻。春天阳光灿烂的时候，是上文描述的田野蟋蟀在歌唱；到了夏天，宁静的夜晚常常被意大利蟋蟀（宽翅树蟋）的歌声打破。两种蟋蟀的活动时间一个在白天一个在晚上，一年中最好的时节被它们各自占领了一半。在田野蟋蟀停止歌唱后不久，小夜曲歌手——意大利蟋蟀就会登场。

意大利蟋蟀没有黑色的外衣，也不像其他蟋蟀那样拥有非常明显的外形特征。相反，它是一种苗条、柔弱的生物；体色非常浅，接近于白色，

112

这与它昼伏夜出的习性相符。

捕捉这种蟋蟀时可得小心，千万别捏碎了它柔软的躯体。意大利蟋蟀很少会停在地面上，各种矮的灌木和高的草本植物都是它的栖息之所。从七月到十月，在那些炎热的夜晚，意大利蟋蟀的歌声从日落时分开始响起，能持续大半个晚上。

没有哪个普罗旺斯人不熟悉意大利蟋蟀的歌声。即便是最小的灌木丛和杂草丛，也有它们的家族成员在歌唱；甚至在谷仓里都能听到意大利蟋蟀的歌声——它们喜欢在谷仓里游荡，那里有丰富的食物资源。然而，这种白色的小蟋蟀行事如此诡秘，没人知道小夜曲是谁唱出来的。很多时候，人们误以为是田野蟋蟀在歌唱，其实在这个时节，田野蟋蟀还太小，根本唱不了歌。

咕哩……咕哩……这是意大利蟋蟀在歌唱，音调舒缓而轻柔，夹杂的轻微颤音让歌声更富表现力；听着这声音，你一定会惊叹于振动膜的纤细和微弱的振幅。如果坐在低矮植物上的小蟋蟀没有受到任何打扰，那么它们的音调会一直保持一致；不过，只要有一点儿响动，歌手立刻就会改用腹语。一开始，你觉得它们就在面前，近在咫尺；但是一眨眼，它们的声音就仿佛已在二十米的远处，音量也减弱了不少。

你向前面走去，可是那里什么都没有，声音又回到了原来的地方；哦不，声音又变了，现在到左边去了——啊，又去了右边——或许在身后……完全糊涂了！简直不可能用耳朵分辨这啾啾声到底是从哪儿传来的。你得非常耐心，非常警惕，才能借着灯笼的光抓到这种蟋蟀。不管怎样我总算逮住了几只，我把它们放到笼子里，想知道这些音乐家是如何用巧妙的方式欺骗我们的耳朵的。

这种蟋蟀的覆翅是由干燥、宽阔的膜组成的，就像洋葱表面白色的皮一样精致、透明。整块膜都能振动，其外形就像是切去了上半截的圆。这层膜能沿着粗大的纵向翅脉折叠九十度，当蟋蟀休息的时候，膜向外侧落下，包住蟋蟀的侧腹。

右覆翅叠在左覆翅上面，右覆翅内缘下方靠近翅根的地方有一个硬结，从这里发射出五条翅脉：两条向上，两条向下，第五条的走向与前面四条大致垂直。最后这条略微发红的翅脉正是意大利蟋蟀发声器的主要组成部分，它有一个简洁的名字叫琴弓，上面刻有很多条横向的细小凹口。覆翅的其余部分还分布着几条不太重要的翅脉，它们能起到把膜绷紧的作用，但不是摩擦器的组成部分。

左覆翅，或者说叠在右覆翅下面的翅膀，与右覆翅有相似的结构，只是琴弓、硬结和翅脉都分布在上表面。我发现两个琴弓（即带有锯齿或凹口的翅脉）是斜向交叉的。

当音量达到最大时，覆翅会高高地举起，像宽大、轻薄的帆一样架在身体上方，只在内侧边缘与身体相接触。两个琴弓，也就是带锯齿的翅脉，斜向啮合，它们之间相互摩擦使两片展开的膜振动起来，发出洪亮的声音。

当琴弓架在皱巴巴的硬结上时，或者架在其中一条放射状的翅脉上时，得到的声音是不同的。这或许可以解释为什么当羞怯的小家伙处于警觉状态时，我们听到的声音一会儿从这里传来，一会儿从那里传来。

好像从远近不同的地方传过来的、或洪亮或柔和的歌声是腹语艺术的重头戏，这种幻象还有另外一种实现方法：当蟋蟀发出洪亮、舒爽的声音时，两个覆翅完全举起；而当它发出细微、沉闷的声音时，覆翅就会放下。在覆翅放低时，外缘部分或多或少地压在蟋蟀柔软的腹侧，因而振动区域变小、声音变低。

用指尖轻触玻璃杯或者"音乐杯"，就可以让尖利、洪亮的声音变成隐约、飘忽的声音，仿佛是从远处传来的。白色的意大利蟋蟀一定知道这个声学秘密，它们将两片振动膜的边缘压到柔软的腹侧，误导那些寻觅它们的人。人类制造的乐器也有减音器，但与意大利蟋蟀相比，结构尚不够简单，效果也不尽完美。

　　田野蟋蟀和它的近亲也能通过举起或放低覆翅来改变翅膀与腹部的接触面积，以改变歌声的音量。不过，它们的技艺不够高超，造成的欺骗性远不及意大利蟋蟀。

　　哪怕是最轻微的脚步声，也能诱发蟋蟀制造距离幻象，让我们惊讶不已。它那纯净的声音夹杂着柔美的颤音，在八月里宁静的夜晚，没有哪种昆虫的声音比意大利蟋蟀更雅致、更清澈。多少次，在月色清幽的夜晚，我躺在地上，躲在一丛丛迷迭香的阴影下，享受着这美妙的音乐盛宴。

　　这些昼伏夜出的蟋蟀在花园里不停地歌唱：每一丛红艳艳的岩蔷薇、每一丛芬芳扑鼻的薰衣草底下，都有蟋蟀乐队的成员；一片片灌木丛、一株株笃耨香成了乐队的表演场。从一片灌木到另一片灌木，从一棵树到另一棵树，与其说蟋蟀们用清亮、甜

高鸣

115

美的歌声在它们小小的世界里一唱一和，倒不如说每一只蟋蟀都无暇关注别人的歌声，它们只是在歌唱自己的幸福。

头顶上，浩瀚银河中，天鹅座正伸展着它那巨大的十字架；地面上，在我的四周，萦绕不去的是昆虫们的交响曲。这些快乐的小东西让我忘却了星空的奇观。天上那些俯视我们的星星像眼睛一样一眨一眨的，它们如此冷漠，如此静寂，让我们怎么去了解它们呢？

科学家告诉我们它们的距离、它们的速度、它们的质量和它们的体积。星星的数量和太空的浩渺让我们心生畏惧，却无法让我们感到内心的震撼。为什么？因为它们没有神秘感——生命的神秘。那些恒星上有什么？它们在温暖着谁？理论上讲，那里应该有和我们相似的世界——各种各样的生命欣欣向荣。这是宇宙的宏伟蓝图。但毕竟，这只是一个猜想，我们没有确凿的证据和显而易见的事实以证实这一点。即便有可能，哪怕是极有可能，也不等于显而易见、确定无疑。

然而，亲爱的蟋蟀们，在你们的陪伴下，我感受到了生命的震撼，生命是地球这块神奇土地上的灵魂。正因为如此，我倚着爬满迷迭香的篱笆，只漫不经心地看了一眼天鹅座，就把全部注意力都投向了你们演奏的小夜曲。哪怕是一小块充满生命力的黏土，都能让我为之欢喜，为之烦忧，这是从冰冷的宇宙空间中无法获得的。

第四章

螳螂

　　第一眼看到螳螂，你或许会被它玉树临风的俊俏外表迷倒；不过，要是你伸手想和这美丽的昆虫来一次亲密接触，那你一定会付出痛苦的代价——螳螂可是一种非常凶猛的肉食性昆虫，它会毫不犹豫地钳住你的皮肉，那锋利而有力的爪子可够你受的！

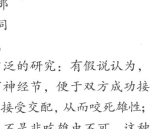

　　螳螂隶属有翅亚纲螳螂目（Mantodea），该目下共有八科，其中最大的科是螳螂科（Mantidae）。我国常见的螳螂品种有大刀螂、两点广腹螳螂、小刀螂等等。就像法布尔说的那样，体态婀娜的螳螂不仅捕杀其他昆虫，也吃同类——两性交配时，雌虫常常残忍地吞食雄虫。这一点让人很难接受，科学家们对此进行了广泛的研究：有假说认为，雌性先吃掉雄性的头部是为了破坏雄性的咽下神经节，便于双方成功接触；有假说认为，这是因为雄性成熟早，雌性不接受交配，从而咬死雄性；还有观察者发现，在食物充足的时候，雌虫也不是非吃雄虫不可，这种行为可能是因为饿得慌……让我们姑且认为是多种因素共同作用的结果吧。

　　螳螂的产卵过程也很有趣。它们喜欢在树枝、石缝等处产卵，当然不同种类的螳螂选择也会不同。卵产在由腹部腺体分泌的泡状卵鞘中，这些泡泡遇到空气就会硬化，凝固成坚硬的外壳，卵就在这层外壳的保护下成长。

第一节

螳螂捕食

在法国南部，有一种昆虫跟蝉一样奇特有趣，但是没有蝉出名，因为它不会叫。蝉之所以如此出名主要是因为生了一对会唱歌的音钹；如果上天赐给这种昆虫一对音钹，再加上奇特的身形、怪异的行为，那么它的名声肯定会盖过蝉这位远近闻名的歌手。普罗旺斯人把这种昆虫称为"向上帝祈祷的生物"。它的大名叫合掌螳螂（简称螳螂）。

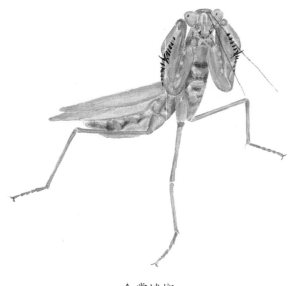

合掌螳螂

不管是科学家还是农民都觉得，螳螂的样子好像是传递上帝旨意的女祭司，或者是陶醉在自己神秘世界中的苦行修女，这种默契真是难得。很久以前就流传着这样的比喻——古希腊人把这种昆虫称为"神祇""先知"。在田间地头劳作的农民也很快发现螳螂与神祇之间的类似，于是他们开始在一些模糊的细节上添油加醋。他们看到，在快被太阳烤焦的牧草里，仪表

118

威严的螳螂庄严地立在那里，宽大、纤薄的绿色翅膀像亚麻披风一样耷拉在身后，前肢——也就是它的"胳膊"——伸向天空，做出一副祈祷的姿势。这就已经足够了，剩下的细节完全可以凭众人的想象来填补。于是乎很久很久以前灌木丛里就住着传递上帝旨意的女祭司和对天祷告的修女。

天真的人们啊，你们真是错得太离谱了！祷告的姿态掩盖了螳螂凶残的本性。做祈求状的前肢其实是致命的武器，螳螂的手指从来不用于数念珠，而用来捕杀那些刚好路过它身边的可怜虫。我们怎么也想不到在以素食主义者著称的直翅目①昆虫中还能出现例外，然而螳螂就是以捕食活物为生的例外。螳螂是昆虫世界里的老虎，是潜伏在灌木丛里等待活物上钩的妖魔。要是螳螂有足够的力气，再加上嗜血的本性和天衣无缝的伪装技术，它肯定会成为田野里的恐怖分子。那时，"向上帝祈祷的生物"就变成撒旦式的吸血鬼了。

除了致命凶器之外，螳螂身上别无其他令人害怕之处。它的气质绝不低俗，瞧瞧它婀娜的身段、优美的腰线、嫩绿的体色、薄如轻纱的双翼，而且它没有张开来像剪刀一样可怕的大颚；相反，螳螂的嘴巴尖尖的，好像一张嘴就能说出甜言蜜语。好在螳螂的胸腔上有一个灵活自如的脖子，使它的头像在轴承上一样向左转、向右转，或者抬向天空。在所有昆虫当中，只有螳螂能定睛凝视和四处巡察，看上去它好像还有表情呢。

螳螂宁静祥和的体态和用于屠杀生灵的前肢形成鲜明的对比。螳螂的前肢长而有力，可以主动抛出捕虫网搜寻猎物而不只是守株待兔。捕虫网可是经过一番精心修饰的：前肢基部内侧有一个漂亮的黑点，

---

① 按照目前的昆虫学分类，直翅目昆虫包括蟋蟀、螽斯和蝗虫，前两者多为杂食性，荤素都吃，后者为植食性，基本吃素。螳螂不属于直翅目，属于螳螂目。螳螂目和直翅目都属于直翅总目。

黑点上点缀着一些小白点和几行珍珠般的小斑点。

螳螂的前臂较长，像扁平的纱锭，前臂前半段的下端长着两排尖利的锯齿。里面那排有十二个齿，长短相间，长的为黑色，短的为绿色。长短交错的锯齿使武器更容易抓紧猎物。外面那排锯齿相对简单一些，只有四个齿。最后，还有三个很长的锯齿长在两排锯齿之后。简言之，螳螂的前臂是一个具有两排平行锯齿的锯子，两排锯齿之间隔着一道凹槽，当螳螂收起前足的时候，就会折叠在这道缝里。

前足也是有两排锯齿的锯子，只不过锯齿更小、更多，锯齿之间的间距也更窄。前足通过一个灵活的关节与前臂相连，前足末端是一个强有力的钩子，钩尖的锋利程度堪比最尖的针。钩子下面也有一道凹槽，凹槽上立着像修枝剪一样的双刃刀。

螳螂的武器非常适合刺穿和撕裂猎物，被它钩住的经历令我终生难忘。有几次我被刚捉在手里的螳螂钩住，因为腾不出两只手对付它，通常需要请别人帮我才能摆脱这个死不松手的小俘虏！要是不把刺进肉里的钩子拔出来就强行拉开螳螂，那么手一定会受伤，就像被玫瑰的刺划过去一样。没有哪种昆虫比螳螂更难对付了，它会用修枝剪刺你，用针扎你，用老虎钳夹你，让你很难保住自己不受伤。如果你想活捉自己的猎物，就不能因痛而下杀手把它捻死。

休息的时候，螳螂会把武器折起来，抵在胸前，看上去毫无攻击性，这时螳螂的样子很像是在祷告。然而，一旦有猎物靠近，螳螂马上就会卸下祈祷的伪装。三节状的前肢瞬间打开，末端杀伤力很强的"魔爪"立马张开，把猎物钩住，然后向后拉，将它拖到前足上的两排锯齿之间，最后老虎钳合拢，那动作就像前臂叠在上臂上。战斗就此结束。不管是蟋蟀、蝗虫还是其他更强壮的昆虫，一旦陷入螳螂的四排锯齿里就万劫不复了。就算猎物拼命挣扎，也无法从可怕的凶器中挣脱出来。

想要在田野中连续观察螳螂的习性是不可行的，所以只能把它养在家里。饲养螳螂并不难，只要有吃有喝，螳螂毫不介意被囚禁在玻璃罩下。每天喂给它美味的食物，就能让它终生无憾地忘却田野中的灌木丛。

为了给螳螂准备笼子，我找来十二只金属丝网，即食品间里用来阻挡苍蝇叮肉的大罩子。每只金属丝网都立在满满一盘沙子上面，这个简易住所里的家具只有一丛干枯的百里香和一块供螳螂产卵用的扁石头。在昆虫实验室里，我把这些笼子放在白天里大部分时间都能照到阳光的地方排成一排。我的小囚犯们都被安置在这里：有的一只独居一笼，有的几只合住一笼。

八月中下旬，我开始在路边已渐渐发黄的草丛里或者荆棘丛中寻找成虫。肚子已然高高隆起的雌虫一天比一天多，然而它们苗条的伴侣却很少见。给它们配成对难度有点儿大，搞不好会酿成雄虫被食的惨剧。让我们把精彩的内容留在后面，先来讲讲雌虫。

雌螳螂真是大胃王，想要连续数月满足它们巨大的食量实在是件棘手的事情。食物必须天天更换，因为大部分食物它们随便吃两口就丢到一边。我相信，在野外的灌木丛里，螳螂一定不会这么浪费，捕到猎物很难得，想必雌螳螂会把猎物吞个精光；而在我的笼子里，美味食物唾手可得，雌螳螂总是奢侈地吃上几口就丢在一边，再也不看一眼。囚犯的日子真是无聊。

要给螳螂提供如此奢侈的大餐，不找助手怎么行。所谓助手也就是我家附近的两三个无业青年。我用几片果酱面包和甜瓜作为奖励，请他们利用早上和晚上的时间在附近的草地里踅摸，把捉到的蝗虫或蟋蟀装进芦苇编的小袋子里。每天，我也会拿着小网兜到花园里巡视一番，想为我的那些挑食的贵宾找点儿特殊的食物。

我想用这些特殊的食物测试一下，看看螳螂的力气有多大、胆子有多壮。螳螂能吞下体形比自己还大的灰蟋蟀、颚部强壮有力的白面螽斯（逮它的时候要小心，一不留神就会被它咬到手指）、头上戴着金字塔形帽子的怪物蝗虫以及葡萄园里吵闹不休的距螽。距螽的长相很有特色——桶状的腹部末端插着一把刀。在这些不好惹的动物里面还得加上两个重量级选手：一个是圆盘状腹部足有一先令硬币那么大的圆网丝蛛，另一个是浑身多毛的圆胖子冠蛛。

　　透过金属丝网可以看到，螳螂敢于向送到它跟前的任何对手挑战，我毫不怀疑在自然界中也会发生类似的情况。在灌木丛中守候的螳螂会受益于送上门来的猎物，就像它们在笼子里享用我的慷慨赠予一样。捕猎大个的猎物充满了危险，但这也是螳螂日常生活中必不可少的一部分。只能偶然用这样的猎物来打发时间恐怕是笼子中的螳螂的一大憾事。

　　各种蟋蟀以及蝴蝶、蜜蜂、大飞虫和其他中等个头的昆虫都是我们在螳螂的凶器下经常发现的猎物。但在笼子里，凶猛的雌螳螂从未在任何昆虫面前退缩过。不论是灰蟋蟀、螽斯、圆网丝蛛还是蝗虫，最终都免不了被叉中，在螳螂前肢的两排锯齿中动弹不得，最终成了螳螂的美味点心，被它不紧不慢地吃掉。接下来让我们一起瞧瞧螳螂的捕食过程。

　　看到一只冒冒失失的蟋蟀逐渐靠近金属丝网做的罩子，螳螂的身体颤了一下，突然摆出骇人的姿势，就算电击也产生不了如此立竿见影的效果。转变之迅速，架势之恐怖，足以让一个没有经验的观察者缩回抓着蟋蟀的手，就好像预感到某种危险即将降临。尽管我是个老手，但也不得不承认在分心的时候看到这样的情景还是会大吃一惊。螳螂就像被弹簧弹出来的扇子一样展开整个身体，或者说像打开盒子即跳出一个奇异小人的玩具盒。

螳螂的覆翅突然打开，斜着甩向两边，翅膀得以完全展开，立在那里就像两道平行的纱帐，在背部隆起成金字塔形的凸起。腹部末端像蕨类植物的嫩叶卷头一样向上卷起，然后放下，在松弛过程中还发出沙沙的声音，酷似趾高气扬的雄火鸡在抖羽毛，又像受惊的毒蛇在吹气。

　　骄傲的螳螂用四只后爪立在地上，修长的身段几乎与地面垂直。具有杀伤力的前肢起初折叠于胸前，现在已经完全打开，与身体交叉成十字，露出点缀着几排珍珠的腋部和一个中间有白斑的黑点。这两个斑点还带着黑色的细花纹，使人联想到孔雀尾巴上的图案。这些都是战斗时能令对手眼花缭乱的法宝，平常情况下是看不到的，只有在螳螂进入战斗状态需要威慑对手的时候才会露出来。

摆出战斗姿势的螳螂

保持怪异的姿势不动，螳螂目不转睛地盯着对手。它的头像安在轴承上一样轻而易举地转来转去。摆出这副架势的目的很明显，就是要把强大的猎物威慑住，使对手丧失斗志。如果自己在气势上压不倒猎物，就说明和它打仗自己很危险。

螳螂能把猎物吓唬住吗？在螽斯亮闪闪的脑袋上、蟋蟀的长脸上，谁能知道隐藏着什么秘密？在它们硬邦邦的面具上看不出任何表情，但是被威慑的猎物似乎感觉到了自己即将面临的危险。它看到有个恐怖的幽灵突然在自己面前站起身来，张开爪子，随时会扑过来；它感觉到自己正面临死亡，虽然还有时间逃跑，但是它没有这么做。蟋蟀擅长跳跃，逃离螳螂的魔爪也许并不困难，但它傻傻地蹲在原地，甚至还朝螳螂的方向挪了几步。

据说小鸟看到张着血盆大口的毒蛇会吓得不能动弹，或者被蛇的目光所迷惑，任由它把自己抓走，一动也不动。通常情况下，蟋蟀也是这样。一旦有猎物陷入自己的势力范围，螳螂就会伸出抓钩袭击猎物，然后合拢锯子，用老虎钳牵制住猎物。小俘虏徒劳地挣扎着，它的嘴只能咬到空气，腿也只能踢向空气，看来它不得不束手就擒了。螳螂像收战旗一样把翅翼折叠起来，恢复到平时的姿势，然后开始大快朵颐。

与灰蟋蟀和螽斯相比，蝗虫和距螽要好对付一些。在袭击后者时，螳螂摆出的姿势没那么吓人，持续的时间也没那么长，只要伸出抓钩就足以把它们制服。对付蜘蛛也差不多，从蜘蛛的身体中部下手，就不用担心被毒爪刺到了。体形小一些的蟋蟀是螳螂的常见食物，不管是在我的笼子里还是在野外。对于这些蟋蟀，螳螂很少会摆出威慑的姿势，它只要静静地等待此类冒失鬼经过，然后一把抓住即可。

只有在预计对手可能会激烈抵抗的时候，螳螂才会摆出吓人的姿势，威慑或者迷惑对方，确保抓钩万无一失地抓住对手。它撒下的大网要套住丧失斗志、无力回击或不准备反抗的猎物。之所以突然摆出幽灵般的姿势，就是为了把猎物吓得浑身瘫软、动弹不得。

要摆出这个奇特的姿势，离不开翅膀的帮助。螳螂的翅膀很宽，外缘呈绿色，其余部分无色透明。许多条脉络呈辐射状贯穿翅膀的整个长度。横向的脉络比较细，与前面这些纵向的脉络相交成直角，形成众多网格。在螳螂摆出幽灵般的姿势时，翅膀打开，形成两个几乎挨在一起的平行面，就像蝴蝶休息时所摆出的姿势。腹部末端在两个翅膀之间快速地卷曲、舒展，肚皮摩擦翅脉发出类似喘气的声音，之前我将这种声音比作毒蛇自卫时发出的嘶嘶声。用指甲尖快速摩擦螳螂翅膀的上表面，也能制造出这样的声音。

在几天没吃东西、肚子很饿的情况下，螳螂会把和自己一般大甚至比自己还大的大灰蟋蟀完全吞掉，只留下干巴巴的翅膀。吃这样一顿大餐顶多花两个小时。可惜螳螂暴饮暴食的现象并不常见，我只见过两三次。我很纳闷，这个贪吃的家伙肚子里哪有那么大地方能盛下如此多的食物？螳螂是怎样用自己的方式把内容物不得大于容器的原理破坏掉的呢？我只能羡慕上帝给了它一个神奇的胃，食物一进去立马被消化、吸收，然后就不见踪影了。

在饲养螳螂期

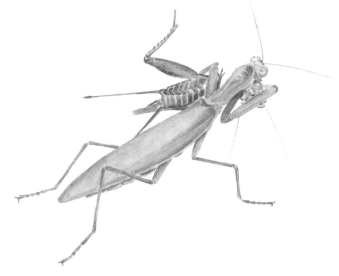

螳螂捕食蟋蟀

125

间，我喂给它们的食物通常是种类不同、大小不一的蟋蟀。看着螳螂用两个前肢形成的老虎钳夹住猎物然后一口一口地吃掉是一件很有意思的事情：螳螂的嘴又尖又细，如此暴行不像螳螂所为，但是螳螂能把整个猎物都吃掉，只剩下翅膀，翅膀根上有肉的地方也会被螳螂一并吃掉。蟋蟀的足、爪子和角质的外壳都被螳螂啃了个精光。有时候，螳螂抓着蟋蟀的后足关节往嘴边送，然后嘎吱嘎吱地嚼起来，看上去很惬意。蟋蟀肥硕的大腿一定是螳螂的最爱，就跟我们都爱吃羊腿一样。

螳螂对猎物的攻击始于颈部背后或头的底部。只见它用一只抓钩托着被勾住腰的猎物，用另一只抓钩把猎物的头向下压，于是颈部和背部之间的部分就会被撑开。螳螂把嘴埋进这个裂开的地方一点儿一点儿地啃着，很快猎物的颈部就会出现一个大裂口。蟋蟀的脑神经受到损伤，挣扎越来越无力，最后变成一具不会动的尸体。这之后，螳螂可以无拘无束地选择下嘴的地方，想吃哪儿就吃哪儿。

第二节

螳螂求偶

前面所介绍的螳螂的习性与它们广为流传的名字——"向上帝祈祷的生物"不太相符，这个名字使人联想到一种性情温和、虔诚自律的昆虫，而实际上螳螂是一个残忍的恶魔。一旦猎物被它的气势所震慑，它就会上前咬断猎物的头。然而，更恐怖的事情还在后面呢！螳螂对待自己的同类残忍至极，比在这方面恶名远扬的蜘蛛更歹毒。

我从大实验台上移走几只笼子以便给自己多腾出点儿地方，但又不想减少螳螂的数量，所以我把好几只雌螳螂放到了一只笼子里。笼子足够宽敞，不仅可供我的小囚犯安居，还有地方供它们自由活动，不过这些雌螳螂都大着肚子，根本就不爱溜达。它们一动不动地蜷伏在金属丝网上，或者在消食，或者在等待猎物从自己身边经过。总体来说，它们在笼子里的生活跟在野外没有什么区别。

群居生活潜藏着危机。就像当食槽里的干草渐渐减少的时候，一向和平共处的驴子也会变得急躁好斗一样，我的"客人们"在食物供应不足的情况下同样会恼羞成怒，大打出手。然而，我对它们精心照顾，保证每天向笼子里投两次蟋蟀，因此，如果内战爆发，肯定跟食物短缺无关。

一开始，实验进展得还比较顺利。雌螳螂和平相处，每只雌螳螂

127

只袭击自己势力范围内的猎物，与邻居井水不犯河水。但是好景不长，雌螳螂的肚子越来越大，卵巢里的卵已经发育成熟，求偶和产卵的季节眼看就要到了。尽管笼子里没有引发雌性争斗的雄螳螂，但是雌螳螂还是免不了妒火中烧。卵巢发胀使我的小囚徒们一反常态，一个个都发狂地想吞掉对方，于是笼子里出现了相互恐吓、激烈对抗和同类相残的场面：幽灵般的姿势、摩擦翅膀的声音、伸出抓钩举过头顶的可怕架势再次显现——即使在灰蟋蟀和螽斯面前，雌螳螂摆出的姿势也不见得比现在更可怕。两只雌螳螂突然毫无缘由地跳起来，摆出打架的姿势，它们的头一会儿向左转，一会儿向右转，相互挑衅，相互侮辱。腹部摩擦翅膀发出的"扑扑"声仿佛是吹响的冲锋号角。不过决斗在第一轮交手之后就暂停，没造成什么严重后果。起初折叠后来像书页一样打开的抓钩最终护住了各自的细腰和腹部。这个华丽的变招使雌螳螂的样子不再像生死对决时那么可怕。

两只螳螂在打架

然后，雌螳螂突然伸出一只抓钩攻击对手，随后用同样迅捷的速度后撤，重新摆出防守的姿势。对手迅速予以还击。这场保卫战使人想起两只小猫逗趣、互摸耳朵的场景。一旦一方腹部流血，或者受了哪怕是很轻的一点儿伤，它就会知趣地撤走。这时另一方会收起战旗，去往别处伏击蟋蟀。得胜的一方表面上重归平静，实际上随时准备着下一次开战。

　　也有很多时候，决斗的结果很惨烈。在生死对决中，雌螳螂摆出最歹毒的姿势，伸出张开的抓钩攻击对手。可怜的战败者！胜利者会用老虎钳夹住落败的一方，然后立马开吃。不用说你也知道，它会从脖颈后面下口。雌螳螂面不改色地吃着这顿令人作呕的饭，平静得就像在咀嚼一只蝗虫。胜利者不认为吃掉自己落败的姐妹有什么不当。围观的雌螳螂没有发出任何抗议，一旦有机会，它们也会做同样的事情。

　　如此歹毒的虫子！人们都说连恶狼都不吃自己的同类。然而，即使在自己最爱吃的猎物——蟋蟀唾手可得的情况下，螳螂仍能心安理得地吞食自己的同胞。

　　观察继续进行，更惨不忍睹的事情还在后面。让我们一起了解一下螳螂在繁殖期的习性吧。为了避免争夺配偶的现象发生，我把一对一对的螳螂分别养在不同的笼子里。这样每对螳螂夫妇都有自己的安乐小窝，不用担心蜜月被搅。同时，我和助手们继续为它们准备丰富的食粮，因此接下来发生的事情绝对不是因为饥饿。

　　时间接近八月底。清秀苗条的雄螳螂意识到，求爱的日子到了。它向身边那位五大三粗的雌伴眉目传情：头冲着雌伴，脖子弓着，胸挺着，尖尖的小脸上写满了浓浓的爱意。雄螳螂就这样一动不动地立着，久久地注视着自己的意中人。雌螳螂一副事不关己的样子，似乎并没有被触动。尽管我看不出其中隐藏的秘密，但雄螳螂能捕捉到对方示好的蛛丝马迹。它渐渐靠近，突然竖起痉挛般颤动的翅膀。

这是雄螳螂的爱情宣誓。它战战兢兢地爬到胖美人背上，不顾一切地搂着对方，生怕自己掉下去。交尾之前的柔情蜜意很花时间，交尾本身持续的时间也不短，有时甚至长达五六个小时。

交尾期间并无引人注目的事情发生。两只虫子最终分开，但很快又搂在一起，比之前更亲密。可怜的求爱者除了能给女主人带来生育后代的机会之外，还可以成为它的美味佳肴。就在交尾当天，或者最迟第二天，雄螳螂就会被雌伴揪住。跟往常一样，雌螳螂从脖颈后面开始下口，然后一口一口地吞掉它，最后只剩下翅膀。这种行为无关嫉妒，而是一种卑鄙的习惯。

我很想知道，一只刚刚受孕的雌螳螂如何对待第二个求爱者。结果令我大跌眼镜：很多情况下，雌螳螂不厌其烦地重复着交尾后噬夫的故技。无论有没有产过卵，雌螳螂都会在或长或短的休整之后，迎接自己的第二个求爱者，然后像对待第一任丈夫一样把它吃掉。第三个求爱者继续跟上，履行完自己的职责之后又成了雌螳螂的甜点心，第四个求爱者也逃不出同样的宿命。就这样，在为期两周的观察中，我目睹同一只雌螳螂连续杀害了自己的七任丈夫。雌螳螂从不拒绝与任何一位求爱者交尾，但蜜月之后，对方必须付出生命的代价。

虽然雌螳螂残杀同类的现象很普遍，但也有例外的时候。在天气又热又闷的日子里，雌螳螂会神经过敏，更容易噬杀自己的同类：同住在一只笼子里的一群雌螳螂会比往常更好斗，而在夫妻合住的单间里，雄螳螂在完成使命后被杀戮的情况更常见。

也许我可以为雌螳螂婚后施暴的行为开脱，认为在野外它们不会这样做，在履行完交配义务后，雄螳螂有充分的时间离开，逃得远远的，

130

躲开那个心如蛇蝎的新娘。因为在我的笼子里，雄螳螂的死刑不会立即执行，通常有一整天的缓冲期。在路边和灌木丛中发生的情况到底怎样，我无从知晓。仅靠偶然所见，我不可能完整了解雌螳螂在野外的风流韵事，我只能在实验室里观察它们的行为。在我的实验室中，小囚犯们晒着日光浴，享受着丰盛的美食和舒适的住房，似乎没有理由怀念外面的荒草地。想必它们表现出来的习性与在野外时一样。

天啊！呈现在眼前的事实让我彻底断绝了雄螳螂在交配后会逃跑的念头。有一次，我惊讶地看到，一只雄螳螂紧紧地贴在雌伴身上，显然还在履行着交配义务，但是头和脖子已经没有了，甚至连胸部也被吃得所剩无几。雌螳螂则转着头，平静地啃着自己丈夫的尸体。雄螳螂的一段残肢竟然还紧紧地抓着雌螳螂，继续履行它的使命！

人们都说，爱情的力量能让人超越生死。从字面上讲，还有什么景象会比眼前的场面更能验证这个誓言呢？展现在我们面前的是一个被斩去头颅，胸部也被切去一半的生物，一具还在努力创造生命的尸体！它会一直保持

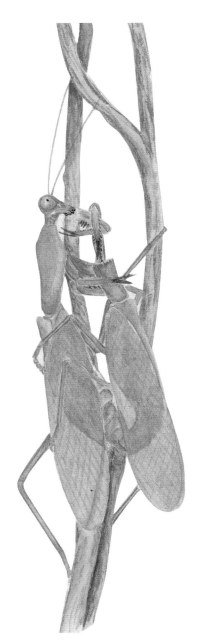

雌螳螂噬夫

131

这个姿势，直到生殖器所在的腹部被吃掉。

交配完成之后，瘦小的雄螳螂已经精疲力竭，再无利用价值，被雌螳螂吃掉似乎无可厚非，毕竟我们不能指责昆虫薄情寡义。但是吃掉正在交配的丈夫实在令人发指，即使心理最变态的人也无法接受。这样的场景竟然被我亲眼看见，我的心深受震撼，久未平复。

这个在交配过程中受到攻击的可怜虫能逃命自救吗？答案是否定的。螳螂的爱情很悲壮，甚至比蜘蛛的无情更令人震撼。我不否认笼子里空间有限，给雌螳螂噬夫的行径提供了便利，但是这种残忍的现象一定事出有因。也许这是从两三亿年前的石炭纪沿袭下来的恶习，那时昆虫通过奇异的生殖方式现出雏形。直翅目昆虫是最早出现的一批昆虫，而螳螂正是直翅目中的一个分支。

螳螂是一种变态不完全的低等昆虫，在变态方式更为复杂的高等昆虫——蝴蝶、甲虫、苍蝇和蜜蜂现身地球之前，螳螂曾经是灌木丛中一个繁盛的大家族。在那个蛮荒的年代，为了尽可能多地繁殖后代，破坏再大也在所不辞。原始岁月的模糊记忆像幽灵一样潜藏在雌螳螂的身体里，这也许就是它们一直沿袭着古老习性的原因吧。螳螂家族的其他成员也有交尾后将雄性吃掉的习性。灰螳螂身材娇小，看上去性情柔顺，即使笼子里很拥挤，也从来不会和邻居们逞凶斗狠。但是雌性灰螳螂仍然会压到雄虫身上拿它当点心，其凶狠程度与合掌螳螂难分轩轾。为了给雌螳螂补充必不可少的配偶，我已经累得筋疲力尽。只要我把翅膀壮健、活力四射的雄螳螂扔进笼子，十有八九不久之后它就会被一只不再需要它的雌螳螂抓住吃掉。一旦受精完成，两种雌螳螂都会对自己的丈夫产生厌恶。或者说，它们都把雄螳螂看作比其他猎物更美味的点心。

螳螂筑巢

让我们忘却螳螂的爱情悲剧，谈一个轻松点儿的话题。螳螂的巢穴简直就是建筑学上的奇迹，科学家们称之为"卵鞘"。可我不想用这么奇怪的术语——既然人们不把山雀的巢称作"卵鞘"，我也不想用"卵鞘"称呼螳螂的巢穴。也许这个名词科学性更强，但这不是我关心的范畴。

在所有向阳的地方都可以看见合掌螳螂的巢穴：石头上、木块上、葡萄藤上、灌木枝上、干草茎上，甚至在一些人造的工业品上，例如碎砖头、厚重织物的布头、旧靴子的硬皮等。所有表面粗糙、可以粘在巢穴底部形成稳固支撑的东西都能用来搭建巢穴。螳螂的巢穴通常长四厘米，宽二厘米，或者略微大一点儿。巢穴呈浅褐色，和麦粒的颜色相近，用火很易点燃，燃烧的气味有点儿像烧焦的丝绸。其实巢穴的材质和丝绸相似，只是没有抽成丝而是凝固成了海绵状的一团泡沫。如果巢穴筑在树枝

卵鞘

133

上，底部就会沿着树枝延伸，把旁边的小嫩枝也裹住。螳螂的巢穴依支撑物的结构显现出千姿百态的形状。如果巢穴建在一个平面上，则形状与支撑物结构相关的下表面也是平的，这时螳螂的巢穴呈半椭球状。换句话说，就是纵向切开的半个鸡蛋：一端圆钝，另一端尖一点儿，有时末端还有一个弯曲的短尾巴。

不管巢穴建在哪里，上表面都会向外凸成规则的形状。我们可以看到里面有三个界限清晰的纵向分区。中间的分区最窄，由成对排列的薄片组成，像屋顶上的瓦一样相互交叠。薄片的边缘是悬空的，留出两道平行的细缝，一旦孵化完成，若虫可以从缝里钻出来。如果碰上刚刚被若虫丢弃的巢穴，在细缝旁边就会看到很多蜕下来的细小外皮。只要稍有微风吹过，外皮就会轻轻颤动，很快消失得无影无踪。我把这个区域叫作"出口区域"，因为若虫只能从这个事先为它们安排好的喇叭口逃出来。

除了"出口区域"部分，螳螂家族的婴儿摇篮可谓固若金汤。两旁的纵向分区占据了半椭球形巢穴的绝大部分，表面很光滑。刚刚孵出来的小螳螂非常虚弱，根本无法穿过坚韧的墙壁。在墙壁内侧有一些横向的细纹，这表明螳螂产的卵摆了好几层。

将螳螂的巢穴横向切开，可以看到所有卵构成的细长的核，周围包着一层厚实、透气的外皮，有点儿像一层凝固的泡沫。卵核上面是弯弯的薄片，一片一片排列紧密，中间基本没有空隙。薄片边缘是"出口区域"，在这里，薄片形成两排交叠的小鳞片。

卵被包在浅黄色的角质物里，它们沿弧线分层排列，所有卵的头部都朝向"出口区域"。这种方向性透露了小螳螂逃离的路线。刚孵出来的若虫来到两片薄片之间的空隙，也就是卵核延伸出去的部分。然后它们会找到一条窄窄的通道，虽然很难穿越，但借助于一种特殊武器（稍后我们会详谈），若虫还是到达了"出口区域"。每层卵有两个出口，都位于交叠的小鳞片下面。孵化出来的若虫一半从左侧通道出去，另一半从右侧通道出去。从巢穴的一头到另一头，每一层若虫都重复着同样的过程。

下面让我们总结一下螳螂巢穴的结构细节——如果没有实物摆在眼前，还真的很难弄清楚。所有卵聚成枣核形，沿巢穴中心轴排布在不同的层，核外包着泡沫状的保护壳，在核顶部的中心部分，有气孔的保护壳被交叠的薄片所取代，薄片悬空的一端构成了"出口区域"的外表面。这些薄片相互交叠，形成两排鳞片，为每层卵留出两个窄缝作为出口。

我的研究重点是：呈现螳螂筑巢的整个过程，了解它们如何别具匠心地造出结构如此复杂的巢穴。我取得了一定的成功，但并非一帆风顺，因为螳螂产卵的时间总在晚上，产卵前也没有任何预兆。经过一次又一次徒劳的等待，我总算得到了老天的眷顾——九月五日下午四点，一只八月二十九日受精的雌螳螂终于在我的眼皮底下准备产卵了。

在讲述这一过程之前，要特别强调一点：在我的实验室中，很多螳螂都搭建了巢穴，这些巢穴无一例外都搭在了金属丝网上。我特意为螳螂准备了一些形状不规则的石头和几丛百里香，因为在野外的时候，螳螂经常把巢穴搭在这两种支撑物上面。但笼养的螳螂更中意金属丝网，因为筑巢所用的柔软材料会嵌入网格，使凝固后形成的巢穴更结实。

在自然环境下，螳螂的巢穴没有任何遮挡，它要经受严寒、风霜和雨雪的考验而不跌落。因此，雌螳螂通常会在凹凸不平的支撑面上筑巢，这样巢穴的底部才能牢牢地固定在上面。雌螳螂往往选择附近区域中最合适的地点筑巢，因此金属丝网就成了笼子中所有雌螳螂的一致选择。

我只见过一只雌螳螂的产卵过程。产卵的时候，雌螳螂身体倒挂着攀在钟形罩穹顶附近的金属丝网上。它专注于自己的工作，没有因为有人拿着放大镜观察它而受到惊吓。我把钟形罩抬高、倾斜、翻转，打开又盖上，所有这一切都未能使雌螳螂放松手头的工作。我还用镊子掀起它的长翅膀，以便更仔细地观察翅膀下面发生了什么，可是雌螳螂竟然一点儿反应都没有。到此为止，观察结果还比较令人满意：雌螳螂一动未动，对我的野蛮举动听之任之。然而，后续的观察并不像我想象中那么容易：雌螳螂动作太快，很难看得真切。

雌螳螂产卵

雌螳螂腹部下端一直浸没在一团黏糊糊的泡沫里，使我不能很清楚地看到产卵过程的细节。泡沫呈灰白色，略微有点儿黏，外观很像起泡的肥皂水。泡沫刚出现的时候，我把一根麦秆伸进去，泡沫会轻轻粘在麦秆的尾端。两分钟后，泡沫凝固，不再能粘住麦秆。不一会儿，泡沫的硬度就和螳螂造好的巢穴差不多了。

泡沫由含空气的小气泡组成。空气的混入使螳螂建造的巢穴比它的肚子大得多。虽然泡沫似乎是从螳螂生殖器官的开口排出的，但空气显然来自大气而非昆虫。空气的作用是使巢穴能够抵御严寒。螳螂能排出一种黏糊糊的物质，外观与蚕吐的丝液相似，这种物质一经排出，即与空气混合，形成筑巢用的材料——泡沫。

螳螂搅拌自己的分泌物就跟我们打蛋清一样，搅拌是为了在凝固之前排出气泡。螳螂腹部末端裂开一个长长的口子，口子两侧像两把长柄勺子一样不停地快速合拢、张开，黏液一分泌出来立刻被打成泡沫。除了两把不停搅动的长柄勺子，还可以看到螳螂体内的器官上下浮动，酷似来回伸缩的活塞杆。这些器官浸在一团不透明的泡沫里，无法看清运动的细节。

螳螂腹部的末端仍在不停地抖动，两个阀门快速地打开、闭合，好像左右振荡的钟摆。每振荡一次，巢内会增加一层卵，巢外则会增加一道横向的裂纹。螳螂的尾部沿弧线运动，每隔很短的时间，就会突然插进泡沫深处，好像要在那里埋什么东西似的。毫无疑问，每插一次，就产下一枚卵。但是螳螂动作太快，再加上客观条件不利于观察，我始终没能看清产卵管是如何工作的，只能从腹部末端的振荡来判断螳螂是否在产卵——因为产卵时螳螂腹部末端会突然扎进泡沫深处。

产卵时，黏液仍在源源不断地释放，并被腹部末端的阀门打成泡沫。泡沫向四周扩散，甚至能渗到巢穴的底层。螳螂腹部的力量可真不小，能把泡沫射进钟形罩的网眼里。随着卵巢逐渐排空，螳螂巢穴的海绵状外壳也渐渐形成。

虽然没有直接观察到，但我推测核心处的卵浸在一种比外层更均质的液体当中，核心处是螳螂刚刚释放出来的分泌物，还没有形成泡沫。待螳螂把一层卵产完后，两个阀门才会制造用于包裹卵的泡沫。然而，要揭开掩盖在泡沫分泌物之下的真相，难度实在是太大了。

巢穴刚刚建成的时候，"出口区域"覆盖着一层有小气孔的物质。这层完全没有光泽的物质呈粉白色，与巢穴其余部分的灰白色形成鲜明的对比，从外表看很像蛋糕上的糖霜。糖霜是点心师为了装饰蛋糕，用蛋清、糖和淀粉调和而成的点缀物。

这层粉白色的外皮很容易破碎、脱落。一旦脱落，"出口区域"就会暴露出来，露出两排薄片悬空的那一端。恶劣的天气和风吹雨打等都会使外皮渐渐脱落，因此在旧巢上是看不到这层外皮的。

乍一看，大家都会认为这层粉白的物质与巢穴的其余部分成分不同，难道雌螳螂能分泌出两种物质？不可能！解剖螳螂的结果告诉我们：筑巢的物质只有一种。螳螂体内用于分泌黏液的器官由很多根相互缠结的圆管子构成，圆管子分为两组，每组二十根。所有圆管子里都充满了外观上完全相同的无色黏稠液体，从未发现任何地方的分泌物呈粉白色。

其次，粉白色区域的形成方式也不支持双组分假说。我们看到，螳螂腹部末端的两把勺子扫过泡沫的表面，就像制作带状糖霜的点心师在撇去奶油上的膏状物，然后把膏状物聚拢在一起，堆到巢穴的隆起处形成条带。泡沫的剩余部分以及从尚未凝固的条带上流下来的物质则分散在巢穴的四周，形成含有很多细小气泡的薄层。这些气泡非常小，不借助于放大镜根本看不到。

我们经常见到，在湍急的泥水中悬浮着很多污泥，这些污泥往往被一层层泡沫包围着。在承载着污泥的泡沫上，常常零零碎碎分布着一些亮白的细小气泡。由于密度不同，泡沫会分层，于是我们看到产生于脏泡沫之中的白色泡沫浮到了脏泡沫之上。螳螂筑巢的时候也会出现类似的情况。腹部末端的两把勺子把腺体产生的分泌物搅成泡沫，最轻的部分因气泡细密浮于泡沫上层，从而被腹部末端的尾丝扫到一起，沿巢穴顶部形成一条雪白的缎带。

到目前为止，凭借耐心细致的观察尚能取得满意的结果，不过要想弄清巢穴中心区域的复杂结构，就不是仅仅通过观察就能办到的了。中心区域是螳螂妈妈为后代精心准备的逃离出口，由两排交叠的鳞片组成。目前我所能了解到的情况有：螳螂腹部末端沿身体中轴线方向裂开一个大口子，口子两侧呈叉状。叉子上端基本不动，下端不停地振动，打出泡沫并产卵。显然，巢穴中心区域的产生是由叉子上端完成的。

叉子浸在被尾丝聚拢在一起的细密白泡沫之中，其上端总是位于巢穴中心区域的延长线上。两条尾丝一左一右，定出了中心区域的界限。它们在条带的两侧试探，显然是为了了解工程的进度。两条尾丝就像两根高度敏感的长手指，指挥着这个复杂的工程。

然而，那两排鳞片和裂缝（即隐藏在鳞片下面的出口）又是如何形成的？我无从知晓，也猜不出来，这个问题的答案还是留给后人去探索吧。

螳螂的身体好比一台神奇的机器，它制造出来的材料能以极高的速度有条不紊地生成巢穴中心区域的角质层、构成保护性外壁的泡沫、中心区域延伸部分的白色奶油状泡沫带、卵本身和受精体液，同时还构筑了相互交叠的薄片（即鳞片）和交错排列的裂缝。如此伟大的奇迹真让人叹为观止，而螳螂筑巢的时候又是那么轻松自如！只见它攀在金属丝网上，几乎不用移动就能造出巢穴的轴心。螳螂不会回头修补已经造好的部分，它的爪子仅用于支撑身体，并不参与筑巢。螳螂的巢穴可谓浑然天成，而不是出自狡黠的本能和勤勉的劳动。筑巢是一项机械的工作，只需要借助最最常见的材料和昆虫的身体。结构如此复杂的巢穴仅靠生物体内器官的运作就能完成，就像机器生产出来的许多制品一样，其制作之精良令手工制作的制品相形见绌。

构成保护性外壁的泡沫

从另一个角度上看，螳螂的筑巢技术更加令人称奇。为了保温，螳螂利用了物理学中的重要原理，在对热的非导体或绝缘体的认知上，螳螂比人类还超前。

著名物理学家拉姆福德（1753—1814）曾经设计过一个非常漂亮的

实验以证明，在考虑除热辐射之外的其他传热方式时，空气的导热性有多么差。这位著名科学家用充分搅拌鸡蛋形成的泡沫包裹冻奶酪，然后整个放入炉子里加热。几分钟后，鸡蛋被烤成了滚烫的煎鸡蛋饼，但鸡蛋饼中间的奶酪还是冷的。产生这一现象的原因是，奶酪周围的泡沫中含有很多空气，空气导热性极差，吸收了炉子放出的热量，使热量无法传到煎鸡蛋饼中间的冻奶酪上。

那么，螳螂是怎么做的呢？和拉姆福德的实验完全一样，为了获得"蛋饼"，螳螂把"蛋白"扫到一起，形成包含无数小气泡的泡沫，以保护核中心的胚胎。不过，它的目标与拉姆福德刚好相反，泡沫的凝结物——巢穴要抵御的不是高温，而是严寒，但两者实现的方式相同。因此，如果拉姆福德愿意的话，他能让一件很热的物体在冰箱里一直保持高温。

拉姆福德之所以知道空气泡具有隔热的特性，得益于前辈的经验积累和他本人的研究和实践。但是螳螂如何能领先于我们的物理学家不知多少个世纪知道这个原理呢？它怎么敢把巢穴建在毫无遮拦的树枝或者石头上，仅凭凝固在卵周围的泡沫来帮助后代抵御严寒呢？

我家附近还有另一种我了解得比较透彻的螳螂——灰螳螂，它们有时使用凝结的泡沫包住卵，有时不用，取决于卵是否需要过冬。很容易把灰螳螂和合掌螳螂区分开，因为雌性灰螳螂几乎没有翅膀，建造的巢至多只有樱桃核那么大。灰螳螂也会熟门熟路地给巢穴包上一层通气的外皮，为什么要有这种多孔的外皮呢？因为灰螳螂的巢穴和合掌螳螂的巢穴一样，也要在毫无遮拦的石头或树枝上接受严冬里各种极端天气的考验。

还有一种螳螂叫椎头螳螂（堪称全欧洲最怪异的昆虫），它的体形和合掌螳螂差不多大，但筑的巢却和灰螳螂一样小。椎头螳螂的巢穴空间有限，仅由少数几个内室组成，这些内室相互紧挨着排成三或四行，两端聚到一起。虽然椎头螳螂的巢穴也建在露天的树枝或者碎石上，但巢穴外面完全没有通气的保护壳——缺少隔热外壳说明椎头螳螂的卵不需要过冬。椎头螳螂在温暖的季节产卵，卵很快就会孵化出来，根本不必经受冬季的严寒，因此除了薄薄的卵鞘本身之外，并不需要其他保护措施。

螳螂对巢穴的设计如此精妙合理，绝不亚于拉姆福德的实验，这难道是偶然现象，即从无数种组合中偶然选择出来的吗？如果真是这样，那我们只能接受荒唐的结论，承认盲目的偶然之中也不乏真知灼见。

合掌螳螂从巢穴较圆的一头开始筑，在较尖的一头收尾。较尖的一头通常会延伸呈岬角状，那是完成筑巢工作的螳螂在舒展身子时流

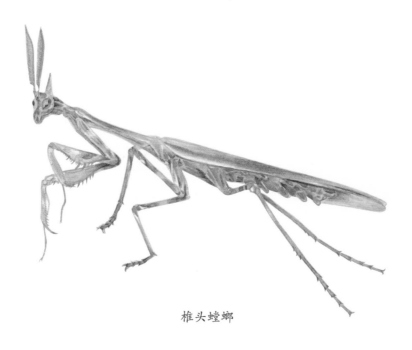

椎头螳螂

下的最后一滴黏液，整个工程需要不间断地工作约两个小时才能完成。工程一结束，螳螂妈妈迅即离开，从此再也不会走近自己的巢穴一步。我一直盯着雌螳螂，期许它能回过头来，表现出一个母亲对摇篮中宝宝的些许温存，但是它没有，雌螳螂没有表现出一丝一毫的母性。活儿已经干完，剩下的事情不再与它相干。几只蟋蟀爬到巢穴周围，其中一只甚至趴了上去，螳螂妈妈毫不理会。这些蟋蟀确实很温和，但若来的是一伙危险的入侵者，意欲抢劫巢穴，螳螂妈妈会跑回来把它们赶走吗？雌螳螂那副无动于衷的样子使我相信，它不会回头。筑好的巢与它有什么关系？它已经忘却那巢穴曾经属于自己了。

前面我曾提到雌性合掌螳螂会多次交尾，每次交尾之后都会吃掉丈夫，仿佛拿丈夫当滋补品是一件天经地义的事。在两周时间里，我亲眼见到同一只雌螳螂交尾了不下七次，每次交尾之后，这个很容易从悲痛中解脱出来的寡妇都会再次吞掉自己的丈夫。多次交尾的习性使人猜想雌螳螂会多次产卵，尽管这种现象并不普遍，但也是客观存在的。在我养的雌螳螂中，有的造一个巢，有的造两个同样大小的巢，最多产的雌螳螂造三个巢——前两个大小正常，第三个只有正常大小的一半。

由巢穴的数量我们可以推算出雌螳螂的卵巢能产多少卵。根据巢穴中间区域的横向裂纹，很容易估计出一共有几层卵，但每一层到底包含多少卵就要看这一层的位置是在巢穴的中部，还是在两头。在最大值和最小值之间取平均，可以认为一个普通大小的巢穴约含四百枚卵。因此，对于造三个巢穴的雌螳螂而言，按第三个巢的大小为前两个巢的一半计算，这只雌螳螂的产卵数量在一千枚以上，两个正常大小的巢里有八百枚卵，较小的巢里有两三百枚卵。好庞大的螳螂家庭！倘若只有极少数卵能成活，这种想法岂不可笑？

合掌螳螂的巢穴体积不算小，结构又特别，而且还暴露于树枝或石头上，附近的农民不可能注意不到。在普罗旺斯，人们把合掌螳螂的巢穴称为"体格诺"，据说这是一种有神奇疗效的药，但是很少有人知道体格诺的来历。当我告诉村民，众所周知的体格诺其实就是乡间最常见的螳螂——合掌螳螂的巢穴时，他们往往会大吃一惊，这可能与螳螂喜欢在夜间筑巢有关。在夜深人静的时候，难得会有人看见忙着筑巢的昆虫，因此，尽管建筑物和建筑师都很出名，但是没人能把两者联系到一起。

不管怎样，只要自然界存在奇特的事物，就会被人发现乃至引起人们的注意。奇特的事物注定有特殊的用处，能给人带来福音——世世代代的人们都怀着这样一种单纯的愿望，天真地认为在不寻常的东西上一定能找到减轻某种痛苦的方法。

普罗旺斯一带的农民都把体格诺当作治疗冻疮的良药。治疗方法十分简单：将巢穴一刀切成两半，然后用从切口处挤出的汁液涂抹患处。据说这个偏方很管用：当手指冻得发紫或发胀时，按照传统的做法用体格诺来治，一定会药到病除。

体格诺真的这么有效吗？我对这种传统的信念深表怀疑。1895年的冬天非常寒冷，村里有不少人手脚生了冻疮，我在自己和家人的手指上试验了体格诺的疗效。结果令人失望：在手指上涂抹了这种神奇的"药膏"之后，没有人觉得肿胀有所减轻，疼痛和不适感也没有任何缓解。我确信，体格诺在其他人身上也不会更有效。然而，不管怎样，体格诺的美名已经广为流传，也许这与药名和病症名刚好相同有关。在普罗旺斯语中，冻疮被称作"体格诺"，所以从螳螂的巢穴被称为体格诺的那一刻开始，人们就对体格诺的疗效寄予厚望，名声就是这样传开的。

在我居住的村子里以及法国南部的其他一些地方，体格诺（在这里指螳螂的巢穴，不是冻疮）被认为是治疗牙痛的灵丹妙药，只要随身携带就能令病人免受牙痛之苦。精于此道的妇女会在月光皎洁的夜晚收集螳螂的巢穴，或者虔诚地藏在衣柜的一角，或者缝在衣服口袋的衬里，以免掏手帕的时候带出来弄丢。尽管她们对体格诺倍加珍惜，但还是会把体格诺借给牙痛难忍的邻居。"把体格诺借给我吧，我快疼得受不了了！"一个患牙病的邻居肿着脸说。"千万别弄丢了！"出借者叮嘱道，"我就这么一个，而且现在月光不亮，肯定弄不到第二个！"

螵蛸（螳螂的卵块）

我们不必嘲笑这些村妇竟如此容易上当受骗，在报纸或杂志次要版面上打广告的药方也不见得比体格诺更有效。若论荒谬程度，一些古书上的记载比乡下人的质朴偏方更离谱，这说明在古代，科学还长

145

眠于地下，连学者的思想也不开化。十六世纪英国博物学家托马斯·莫法特是当时的一位著名医生，他在书中竟然写道：迷路于乡间的孩子应该向螳螂问路，被问到的螳螂会伸展肢体，指出正确的方向。这位作者还说，螳螂很少会指错路。这个用拉丁文写成的小故事天真得简直让人哭笑不得！

第五章

蛾

在十万多种鳞翅目（Lepidoptera）昆虫中，除去百分之十的蝶类，余下都是蛾类。怎样区分蝶类和蛾类呢？一种方法是看外观，蛾类触角多呈羽状或丝状（即所谓的蛾眉），而蝶类触角一般为锤状或棒状；另一种方法是观察静止时的翅膀形态，蛾类双翅覆盖如屋脊，而蝶类则直立背上；再者，昼伏夜出的多为蛾，反之多为蝶。

蛾类最神秘之处莫过于交配。蛾类成虫的寿命往往只有几天，在这几天时间里，它们要跨越千山万水找寻伴侣，完成交配，而指引它们成功交配的正是性信息素（一种化学物质，也被称为外激素）和相应的受体。早在蛾类蛹期，性信息素受体就开始表达了。雄性触角的毛形感器就富含这种受体，它使雄蛾能够灵敏地识别雌蛾释放的信息素，从而准确寻觅到自己的伴侣。

现在，科学家们还在对这种信息素和信息素受体进行研究，也许事情比我们想象的更复杂。这里，法布尔对蛾类神奇的交配行为进行了仔细的研究，他通过更改实验条件推断出蛾类交配一定依赖于对某种分子的感知。在各类仪器、手段都相当初级的年代，能形成这样的认识已经非常不容易了。

蝶

蛾

大孔雀蛾①之夜

　　这真是个令人难忘的夜晚，我要把这一晚命名为"大孔雀蛾之夜"。大孔雀蛾是全欧洲最大的蛾类昆虫，谁不知道这种披着白领栗色天鹅绒外衣的蛾子呢？它的翅膀棕灰相间，中间有一条浅色的"之"字形条纹穿过，边缘则是烟灰色，每只翅膀中间都有一个圆点，好像大眼睛里的黑色瞳孔，周围点缀着彩虹般的同心圆弧，一圈一圈地扩展出去，有黑色的、白色的，还有紫红色的。

　　在毛虫阶段，大孔雀蛾也同样引人注意。它身上稀疏分布着一些

大孔雀蛾幼虫　　　　　　　　大孔雀蛾成虫

---

① 根据法布尔的描述，这种蛾属于天蚕蛾科（Saturniidae）。

结节，像宝石绿的珍珠一样点缀着暗黄色的身躯，结节顶部还长着几簇细长的黑毛。大孔雀蛾的茧呈棕色，以出口奇特而著称。茧的形状有点儿像捕鳗用的篮子，常常粘在老杏树根部附近的树皮上，因为杏树的叶子可以为毛虫提供足够的营养。

五月六日早晨，就在我实验室的桌子上，一只雌虫从茧里钻了出来。我手疾眼快，把身上还带着潮气的虫子关进了金属丝网。我不知道自己要把它怎么样，囚禁它完全是出于习惯——一个观察者通常会对任何可能发生的事情保持警觉。

事实证明，我的警觉得到了丰厚的回报。当天晚上九点左右，就在全家人准备上床睡觉的时候，隔壁房间里突然传出一阵喧哗。我的儿子小保罗半裸着身体，着了魔似的来回折腾，又跑又跳又跺脚，还掀翻了椅子。我听到他在大声叫我："快来！快来看这些蛾子！它们有鸟儿那么大！整个屋子里都被占满了！"

我赶忙跑过去。小孩子的兴奋和近乎歇斯底里的尖叫并非没有道理。整个屋子里满是巨大的蛾子，我家还从来没有遭遇过如此的侵犯。我伸手捉住四只放进鸟笼，剩下好多只全都飞上了天花板。

眼前震撼的场景让我想起早上被罩起来的小囚犯。"孩子，快穿上衣服！"我对儿子说，"放下笼子跟我来，我带你去看一件稀罕的事情。"

我们必须走到楼下才能进入房子右侧的书房。路过厨房时，我们碰上了正用围裙扑打蛾子的女佣，她也被眼前的景象吓了一跳。起初，她还以为那是蝙蝠呢。

看来，大孔雀蛾已经把我家完全占领了。被我关在楼上的小囚犯怎么样了？难道这么一大群蛾子就是它招来的？幸好书房的两扇窗户中有一扇是打开的，路上也没有障碍物。

我们拿着蜡烛走进书房，眼前的情景令人终生难忘。这些大晚上赶来的蛾子围着金属丝网降落、起飞、返回，飞上天花板又飞下来，发出轻微的噼啪声。它们扑向蜡烛，扇动着翅膀把烛火扑灭，还在我们的肩膀上拍打翅膀，贴在我们的衣服上，摩擦我们的脸。我的书房已经成了午夜精灵施法术的洞府。小保罗有点儿害怕，他把我的手抓得更紧了。

书房里到底有多少只大孔雀蛾呢？大概二十只。如果加上走错路进入厨房、儿童房以及其他房间的大孔雀蛾，总数估计得有将近四十只。大孔雀蛾之夜——这一幕实在太难忘了！今早在我书房里的神秘宫殿出生了一位小公主，引得四十只雄蛾从四面八方赶来向它献媚。

今晚我就不打搅这群一心想攀高枝的求爱者了。蜡烛的火焰吸引了一些冒失冲过来的大孔雀蛾，把它们的身体烧焦了。明天我再精心设计一些实验，仔细地研究一下它们吧。

为了让之后的叙述更加清晰，我先来谈谈接下来八个晚上每天都重复发生的现象。每晚八点到十点之间，大孔雀蛾就会一个接一个地飞来。那时正赶上暴风雨即将到来，天上阴云密布，屋外漆黑一片，花园和树林深处几乎伸手不见五指。

除天黑之外，大孔雀蛾还要克服其他几重困难才能进入我家。几棵高大的梧桐树遮住了我家的房子；小路两旁密密麻麻地长满了紫丁香和玫瑰树，形成了一道植物屏障；为了抵御西北风，我们在门前种了不少松柏；离家门几步之遥还有一层茂密的常绿灌木作为防御土墙。大孔雀蛾必须在伸手不见五指的夜晚穿过由茂密枝叶围成的迷宫，才能完成参见公主的朝拜之旅。

在这种情况下，连橄榄树上的角鸮都不敢离开自己的树洞。不过，大孔雀蛾的小眼面比角鸮的大眼睛视力还好，它们毫不犹豫地往前飞，穿过所有障碍物而不会擦碰自己的身体。它们对飞行掌控得如此之好，尽管一路上障碍重重，但到达目的地时仍能保持精神抖擞，而且翅膀完好无损，一点儿擦伤也没有。对大孔雀蛾来说，夜晚犹如白昼。

角鸮

就算大孔雀蛾的视力很好，能够感知常人视网膜不能感知的光线，这种能力也不足以让远方的雄性大孔雀蛾知道哪里有待嫁的"姑娘"以便迅速赶过去。距离和障碍物使视力好之类的解释成为空谈。

而且，如果没有折射现象造成幻觉（在本例中并无折射干扰），沿着光线寻找应该是很精确的——直接朝看到的目标飞过去即可。但是大孔雀蛾有时会弄错：不是大方向错误，而是目标的精确定位错误。之前我曾提到，书房在儿童房的对面，虽然书房才是大孔雀蛾真正要去的地方，但在我们拿着蜡烛进入儿童房之前，那里面已经满是大孔雀蛾了。它们一定是被误导了。同样，厨房里也有一群走错路的大孔雀蛾，不过，喜欢在夜间活动的昆虫总是趋光，也许是厨房里的灯光把大孔雀蛾引入了歧途。

让我们只考虑暗处。前来求婚的大孔雀蛾数量极多，在目的地附近几乎随处可见。小囚徒被我关在书房里，离一扇打开的窗户只有几步远，但并非所有大孔雀蛾都从这条最容易进入的通道飞入，有几只从楼下飞进来，在前厅兜了几圈到达楼梯。书房的门关得很严，走楼梯根本就是一条死路。

如果这些赶来参加婚宴的大孔雀蛾是被某种发光的辐射所吸引——无论这种辐射是否已被物理学家发现——它们就应该直奔目标而去，然而观察结果并非如此。一定有一种辐射能把它们从远处吸引

雄蛾的羽状触角

到目的地周围，至于目标的精确位置则留给它们在附近摸索寻找。人类的听觉和嗅觉也是如此——根据听觉和嗅觉传递的信息，我们无法确定声源和味源的精确位置。

雄性大孔雀蛾到底是通过什么感觉获知雌蛾的方位，指引自己在茫茫黑夜中长途跋涉赶去相聚的呢？哪个器官负责感知这类信息？有人猜是触角，因为雄蛾似乎总在用它那修长的羽状触角在四周探来探去。这些漂亮的触角只是华丽的装饰吗？还是真的能感觉到指引求爱者勇往直前的信号呢？按我的假设设计一个实验，谜底很快就会揭晓。

第二天早上，我在书房那扇紧闭的窗户上发现了八位昨晚到访的"不速之客"，它们正一动不动地趴在十字形窗棂上。其余的大孔雀蛾在昨晚十点左右舞会结束后就匆匆离开了。书房那扇开着的窗户既是它们的进口，也是它们的出口。剩下这八个坚持不懈的求爱者刚好可以作为我的实验对象。

我用一把锋利的小剪刀把大孔雀蛾的触角齐根剪掉，但没有触及其他部分。这些伤员对手术毫不在意，它们全都一动不动，甚至连翅膀都没拍一下。它们的身体状况很好，伤口似乎没有造成任何影响。身体上没有受到任何伤害，这就更有利于我做实验了。就这样它们平静地趴在窗棂上，一动不动地度过了这一天里剩下的时光。

还有另外几件事情要做。尤其是必须转移雌蛾的位置，不能让做了手术的雄蛾在夜间求偶时一眼就能看到雌蛾。于是我把笼子和笼子里面的小囚徒挪到房子另一侧的门廊下面，离我的书房大概五十步远。

夜幕降临，我对八只实验品进行了最后的检查。其中六只从开着的窗户飞走了；两只没有飞走，它们摔到了地板上，即使让它们六脚朝天，它们也没有力气自己翻过来。雄蛾已经筋疲力尽、奄奄一息了。这并非因为我给它们动了手术——即使我不干预，雄蛾也经常出现早衰早逝的情况。

身体状况比较好的六只雄蛾已经飞走了。它们会被前一天晚上的诱饵所吸引，再次飞回来吗？没有了触角，它们还能找到被移了相当一段距离的小囚徒吗？

笼子就放在黑漆漆的空地上，我提着灯笼，拿着网子去看过好几次。来访的雄蛾都被我抓住，仔细检查之后，我把它们关到隔壁的屋子里。这种逐步排除的方法使我能够精确计算来访者的数量，而不至于重复计数。此外，这个临时监狱足够宽敞，绝对不会对囚犯们的身体造成不良影响，反而使它们得到了一个安静、宽敞的避难场所。在后续的实验中，我也采用了同样的方法。

十点半之后，再无新的来访者，雄蛾接待晚会到此结束。经过统计，总共抓住了二十五只雄蛾，只有一只没有触角——在昨天早上动完手术后飞走的六只雄蛾中，只有一只重新飞回了笼子。这个结果很糟糕，让我无法确定触角在指引方向方面是否起作用。因此，我决定再进行一次规模更大的实验。

第二天早上，我去看了看前一天晚上被关起来的雄蛾。情况非常不乐观：地上趴着许多雄蛾，好像已经失去了行动能力。我把雄蛾拿在手上仔细观察，有几只生命迹象很微弱。看来这批实验品已经报废了。但是我不死心，还想再试一次，兴许与雌蛾幽会能让它们重新焕发生机。

我又对二十四只囚犯进行了触角切除手术。之前被剪掉触角的那只不在其中，它已经奄奄一息，至少快要奄奄一息了。最后我把监狱的大门打开，在这一天剩下的时间里谁愿意出去就可以出去，谁有本事参加晚上的狂欢也可以去。为了测试有能力离开房间的雄蛾的搜寻本领，我把原本放在它们必经之路上的雌蛾又一次换了位置，这一次移到了对面房间的地板上。当然，想要进入这个房间仍然没有什么障碍。

在二十四只被剪掉触角的雄蛾中，只有十六只离开了房间，其余八只已经失去了逃跑的能力，它们死了。那么这十六只中有几只能找到关雌蛾的笼子呢？一只也没有。那天晚上，我的囚犯都是触角完整的新来者。这个结果似乎表明，被剪掉触角对大孔雀蛾来说是一件很严重的事。但现在下结论为时尚早，因为还有一个疑点没有解决。

小狗穆夫拉尔说："我现在状态很好，但我怎么敢在其他狗狗面前露面呢？"穆夫拉尔的耳朵被无情地割去了，我捉到的大孔雀蛾会不会和穆夫拉尔一样自卑呢？被剪掉触角的雄蛾会不会羞于在竞争对手面前向心仪的公主求婚呢？它们到底是搞不清方向呢，还是需要心理辅导呢？不会是因为保持激情的时间太长耗尽了体力吧？还是让实验来告诉我们答案吧。

第四个晚上，我又抓了十四只新来者。和以前一样，我把它们关进一间屋子，留了一个晚上。第二天，趁着白天雄蛾一动不动的时候，我剪去了它们胸部中间或颈部中间的一些绒毛。削去这些像丝线一样的绒毛很简单，不会惊动它们，也不会影响它们寻找伴侣时要用到的器官。对雄蛾来说这几根绒毛算不了什么，但我却可以根据这个标记了解重复到访者的数量。

这一次手术没有影响它们的飞行能力。到了晚上，十四只被剪去绒毛的雄蛾都飞了出去。不用说，我把关雌蛾的笼子又换了一个位置。在两个小时的时间里，我逮住了二十只大孔雀蛾，只有两只缺少绒毛，其余都是新来者，前天晚上被我剪掉触角的那二十四只雄蛾一只也没有出现——它们的交配期已经结束了。

在十四只被剪去绒毛的雄蛾中，只有两只飞了回来。剩下十二只并不缺少起导航作用的触角，它们为什么没有飞回来呢？关于这一点，我觉得只有一种解释能说通：交配期的冲动会让大孔雀蛾迅速耗尽生命。

交配是雄蛾唯一的生存目标，在寻找配偶方面，大孔雀蛾有着超强的天赋。虽然相距很远，虽然有重重障碍物阻隔，但大孔雀蛾仍能感知心上人的方位，它可以花几个小时，甚至两三个晚上的时间寻觅。如果得不到心上人，生命就会结束。导航失灵，指明灯也将熄灭。再活下去有什么意思？不如清心寡欲地躲到一个角落里睡上最后一觉，让所有的幻想和煎熬一起终结。

大孔雀蛾在世间存在就是为了繁衍后代，它们根本不知食物为何物。各种蝴蝶都热衷于四处赴宴：它们在花丛中飞来飞去，时不时地展开螺旋状的吸管，插进蜜甜的花朵中开怀畅饮。而大孔雀蛾却是无与伦比的禁食主义者，虽然肠胃不用受苦，但也因此失去了恢复体力的途径。大孔雀蛾的嘴已经退化，成了没用的摆设，根本不能用于进食。它们的肠胃里连一滴花蜜也没有。这真是个了不起的特长，只是维持不了多久。道理很简单，就像灯要长明需要不断添油一样，大孔雀蛾放弃了口腹之欲，但也因此成了短命鬼，两三个晚上只够它们和雌蛾

雌性大孔雀蛾（左）和雄性大孔雀蛾（右）

相见和交配，然后一切都了结了——大孔雀蛾魂归天命。

那些被剪掉触角的大孔雀蛾没有再次出现意味着什么？是否意味着没有触角它们就找不到在笼子里苦苦等待自己的恋人呢？不一定！因为被剪去绒毛的雄蛾，身上的器官并没有遭到破坏，可它们也没有都飞回来。这一切只能证明：它们的寿命到头了。无论是否残疾，它们都无法突破自己寿命的极限，所以缺席与失去触角无关。由于实验时间有限，我放弃了对大孔雀蛾触角作用的研究。这个谜以前困扰着我，以后还将继续。

我的小囚犯在笼子里活了八天。每天晚上，它都会吸引一群求爱者，有时在房子的这一头，有时在房子的那一头。我用小网子抓住它们，然后立刻把它们放进一间门窗紧闭的屋子里，让它们在那里过夜。第二天我在它们胸部剪去一些绒毛，算是做上了记号。

这八个晚上，雌蛾一共招来了一百五十只求爱者。数量如此惊人！之前我还想，要是在未来两年中继续进行实验，我得花费多少时间和精力才能搜罗到这么多样本呢？虽然大孔雀蛾产的茧在我家附近并非找不到，但至少非常稀有，因为它们喜欢栖息的树种——杏树很少见。我花了两个冬天的时间，检查了周围能找到的所有老杏树的树干根部，连长在树下的杂草和灌木也没放过。不知多少次我都是两手空空而归！因此，这一百五十只大孔雀蛾一定来自较远的地方，也许两千米以内甚至更远找不到它们的踪影。它们怎么知道我的书房里有雌蛾呢？

能被生物远距离感知的无非是三种信息：光线、声音和气味。会是视觉吗？视觉能引导从窗户飞进去的求爱者找到雌蛾，但是在户外不熟悉的环境中，视觉如何才能帮助它们呢？山猫目光锐利，但也不足以知道一两千米以外发生的事情。谁的目力好到能够跨越空间的阻隔呢？不用再继续讨论下去了，视觉不可能起决定作用。

听觉同样不值得考虑。这个能召唤远方情郎的胖雌蛾完全是个哑巴，再灵敏的耳朵也听不到它发出的任何声音。难道它发出的振动如此细微，或者如此迅捷，以至于只有借助最灵敏的扩音器才能听见？这种想法勉强能说通，但别忘了，到访者远在几千米之外，在这种情况下考虑听觉很不现实。

最后剩下气味。在我们的感觉系统中，嗅觉最适合解释为什么大孔雀蛾会飞到我家，却很难在到达之后立刻找到目标的精确位置。吸引雄蛾的信息会不会类似于我们所说的气味呢？非常细微的气味，我们完全闻不到，但是这种气味能够对知觉更加敏感的器官产生刺激。一个简单的实验就能证明我的推测：我可以用一种更浓烈、更持久的气味掩盖雌蛾的气味，让强烈的气味主宰嗅觉器官，压制微弱的气味。

于是我在准备晚上接待雄蛾的屋子里撒了萘球，还在罩雌蛾的金属丝网旁边放了一大盘。晚上，为了等待夜访者，我不得不站在门口，忍受着这种类似煤气的气味。可是，我的把戏没有奏效——雄蛾如期而至，跟往常一样进入房间，顶着浓烈的气味，直奔罩雌蛾的金属丝网，就跟屋里满是新鲜空气时一样。

我开始对嗅觉理论产生怀疑。更糟糕的是，我不能再做实验了。第九天，我的小囚犯最终没有等到交配的机会，它在笼子里产下未受精的卵之后就走完了生命的最后一程。看来只有等第二年有了新的雌蛾才能再次启动实验了。

下一次我一定要精心准备，以便随意重复之前做过的实验和考虑要做的实验。对！事不宜迟，立刻行动。

夏天的时候，我开始用每个一苏的价钱购买大孔雀蛾的茧。

我的货源来自周围淘气的小孩子。周五没有讨厌的语法课，他们冲到草地里搜罗，如果发现大孔雀蛾的毛虫，他们会粘在小棍子上拿给我。这些小孩子胆儿小，不敢直接用手抓。当看到我像拿他们熟悉的桑蚕一样把毛虫抓到手里的时候，他们都吓坏了。

我用杏树的枝叶喂养毛虫，很快它们就为我结了茧。再加上冬天在树底下兢兢业业的搜寻，我终于补齐了自己的收藏。对我的研究有兴趣的朋友也赶来帮忙。最后，经过在自由市场上讨价还价，以及冒着被灌木擦伤的危险苦苦搜寻，我终于成了一大堆茧的拥有者，其中有十二个茧比其他的茧更大、更重，说明茧里面是雌蛾。

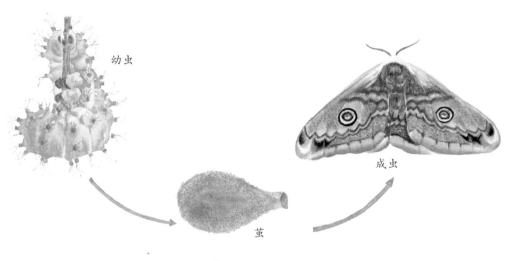

幼虫

成虫

茧

大孔雀蛾成长的三个阶段

然而，等待我的却是失望。五月到了，反复无常的天气让我的精心准备化为乌有，我又一次遇到了麻烦。干冷的北风呼啸而过，把法国梧桐刚长出来的嫩叶吹得散落一地。五月冷得跟十二月一样，我们不得不重新穿上刚刚脱去的厚衣服，到了晚上还要生起炉火来取暖。

我的大孔雀蛾也受了不少罪。它们很晚才孵化出来，而且孵出来的雌蛾一点儿也不活跃。今天孵出来一只，明天孵出来一只，雌蛾在笼子里一只接一只地出生，然而一只从外面飞来的雄蛾也没有。在我收集的茧中有一些孵出了雄蛾，因为触角比较大，一经孵出便能被辨认出来，我把这些雄蛾放到外面的花园里。不论是我养的还是别处的，飞来寻觅雌蛾的求爱者寥寥无几，而且缺乏激情。好不容易见到有一只大孔雀蛾飞进来，但很快就又飞走了，而且一去不复返。求爱者跟天气一样冷漠。

也许天气寒冷不利于散发信息——气温高适合气味传播，气温低则相反。这一年又白白浪费了。这种实验需要等待一个转瞬即逝的季节而且这个季节的气候还反复无常，研究下去实在是太难了。

我又开始了第三次尝试。我饲养毛虫，在村子里四处寻找虫茧。五月到来的时候，我已经有了相当的储备。这一次天遂人愿，我想象着大量雄蛾蜂拥而至的熟悉场景，到那时，我就可以开始实验了。

每天晚上都有一小队雄蛾飞来，有十二只、二十只或者更多。身材魁梧的雌蛾攀在金属丝网上，大腹便便的样子俨然一位主妇。它一动不动，甚至连翅膀也不拍一下，旁观者会认为它对周围的一切都不感兴趣。家里最灵敏的鼻子也闻不到它散发出来的一丝气味，最灵敏的耳朵也听不见它发出来的哪怕是很细微的声音。就这样，雌蛾淡定地趴在笼子里，一动不动地等待着。

两只、三只甚至更多只雄蛾在钟形罩顶扑打着翅膀，它们从各个方向迅速冲过去，然后不停地用翅尖击打。竞争对手之间并无冲突，每只雄蛾都想进入金属丝网，但是没有表现出对情敌的忌妒。终于，它们厌倦了徒劳的尝试，飞去加入跳旋转舞的队伍，也有一些雄蛾绝望地飞出敞开的窗户。新来者很快就会取代它们的位置。直到晚上十点左右，钟形罩顶一直有雄蛾扑上来，这一动作不停地重复，一些雄蛾很快会感到厌倦，但另一些雄蛾很快又会继续开始。

每天晚上我都会变换笼子的位置：有时放在房子南边，有时放在房子北边；有时放在楼上，有时放在楼下；有时放在房子右侧，有时放在离房子左侧五十步的地方；有时放在露天，有时放在一个僻静的房间里。我把雌蛾挪来挪去是为了混淆视听，但是好像并没有对搜寻者造成任何影响。想欺骗它们真是枉费心机。

它们并非通过记忆来寻找雌蛾。举例来说，前一天我把笼子放在某个房间里，晚上雄蛾会飞进房间，围着笼子拍打翅膀长达两个小时，甚至晚上就在这儿过夜。第二天傍晚，当我把笼子移到屋外时，所有雄蛾就又跟到外面。虽然大孔雀蛾的生命极其短暂，但是体力最强的雄蛾能飞回来两个晚上甚至三个晚上。第二次飞回来之前，这些老手会先去哪里呢？

到访过的雄蛾一定知道前一天晚上我把笼子放在哪儿了，凭借记忆它们本该飞回原来的位置，如果找不到才会去别的地方继续搜索。然而，出乎我的意料，事实并非如此，没有一只雄蛾赶到昨晚的约会地点，甚至连路过看一眼的雄蛾都没有。那间曾经放笼子的房间冷冷清清，不曾有一只雄蛾来此察看。这种行为显然不符合凭借记忆寻找配偶的逻辑，一定有一种更加可靠的向导将它们引向了别处。

到目前为止，雌蛾一直被我关在金属丝网里，透过网眼即可看到。虽然到访者只在夜间出现，但它们一定能凭借正常人看不见的微弱光线看到雌蛾。如若我把雌蛾放在一个不透明的容器里，情况又会怎样？这种材质的容器会不会将雌蛾释放的信息挡住呢？

应用物理学告诉我们，无线电报可以通过赫兹发现的电磁波来传播，大孔雀蛾在无线电技术方面是不是又抢在了人类前面？刚孵出来的雌蛾会不会利用某种电波或者磁波在周围的环境中释放信息，引诱一两千米之外的求爱者前来交配呢？也许某种物质能挡住这种波，而另一种物质却允许这种波通过。简言之，雌蛾到底会不会采用无线电波发送信息呢？我觉得完全有可能，因为昆虫世界里不乏惊人的创造。

于是我把雌蛾放入不同材质的盒子里，有锡铁皮的、木头的和薄纸板的，然后用油膏等密封。我还用过盖在玻璃托盘上的玻璃钟罩。

在密闭的情况下，尽管夜晚依旧温暖，依旧宁静，但没有见到一只雄蛾飞过来，无论容器的材质是玻璃、金属、薄纸板还是木头。显然，密闭容器给雌蛾传递信息设置了不可逾越的障碍。

盖上一层两指厚的棉絮也能产生同样的效果。我把雌蛾放进一只大玻璃罐里，然后用一块薄棉花胎扎紧罐口作为盖子。这种方法同样能做到把雌蛾藏在实验室里不让求爱者发现。

如果放雌蛾的盒子封口不严，或者旁边有裂缝，这时即使把盒子藏到抽屉或壁橱里，仍然不妨碍雄蛾成群结队地赶过来，数量丝毫不比把金属丝网笼子放在桌子上时少。我曾把藏雌蛾的帽盒塞进壁橱的最底层，当天晚上的情景至今仍历历在目：到访者直奔壁橱的门而去，它们用翅膀啪啪地拍门，想破门进去。不知从哪里游荡到我家的求爱者竟然知道壁橱的门后面藏着它们的心上人。

因此，我们必须放弃大孔雀蛾以无线电波的方式相互沟通的想法，因为任何材质的屏蔽物，不论是良导体还是不良导体，都能拦截雌蛾发出的信号。要想让雌蛾发出的信号传出去并且传播相当长的一段距离，必须满足一个条件，就是雌蛾所待的地方不能是完全封闭的，即能与外部进行空气交换。这又一次表明雌蛾传递信号的方式可能是气味，尽管这种可能性曾被我的萘球实验证伪。

我的所有茧都已经孵出了大孔雀蛾，可这个难题还是没有解决。要不要第四年再接着做实验呢？我决定放弃，因为大孔雀蛾是夜行昆虫，想在没有光线的情况下观察雌雄交尾是很困难的：求爱者不需要亮光就能找到雌伴，但人类的眼睛还没有完善到能穿透黑暗的程度。我至少得拿根蜡烛，可烛火肯定会被上下翻飞的蛾群扑灭。灯笼倒是不容易被扑灭，但是亮度不够，还会投射出浓重的影子，对于不但需要看到，还必须看仔细的人来说远远满足不了需要。

被灯光吸引的大孔雀蛾

此外，灯笼还会分散大孔雀蛾的注意力，使它们偏离目标，严重干扰观察结果的准确性。雄蛾一进屋，就会发狂地扑向火焰。身体烤焦后，它们会惧怕灯笼，使观察者得不到准确的信息。即使为了不伤害大孔雀蛾，用玻璃罩把火光和它们隔开，它们也会尽可能靠近有亮光的地方，然后一动不动地守着，像进入了休眠状态一样。

一天晚上，我把雌蛾放在餐厅里的桌子上，对面是一扇打开的窗户，房顶上吊着一盏煤油灯，灯上装有乳白色玻璃制成的反光罩。几只雄蛾停在钟形罩顶部，想要靠近笼子里面的小囚犯。还有几只雄蛾在笼子前面报了个到就飞向煤油灯，它们围着煤油灯盘旋了几圈即被乳白色光锥的耀眼光芒所吸引，一动不动地贴在反光罩上面。孩子们伸出手想抓住雄蛾。"不要抓它们，"我说，"就让它们待在那儿，我们要友好，不要干扰这些到光明圣殿朝拜的蛾子。"

整个晚上，所有大孔雀蛾都没有挪地方。第二天它们还在那里，陶醉于光明之中的它们把爱情忘得一干二净。

大孔雀蛾对光明如此痴狂，想借助灯光长时间仔细观察它的夜生活根本不可能，我再也不想研究这种恼人的昆虫了。我需要习性不同的蛾子，和大孔雀蛾一样执着于爱情，但在白天幽会。

在对满足上述条件的研究对象进行实验之前，我要打乱按时间顺序叙述的规则，讲一讲另一种昆虫，它是在我厌倦了对大孔雀蛾的研究之后出现的，它的名字叫小孔雀蛾。

有人不知从哪儿搞来一个漂亮的茧，外面松松地包裹着一层白丝。丝外套上有不少形状不规则的褶皱，看来把虫茧从里面取出来并不难。茧的形状和大孔雀蛾的差不多，只是尺寸稍小。茧的前端裹着一些起保护作用的细小树枝，后端渐渐变细，形状酷似捕鳗用的篮子。这样方便虫蛹住进去，羽化后又很容易从里面出来，不需要冲破什么障碍。这个虫茧应该来自大孔雀蛾的近亲——丝外套的做工表明，编织者一定是会纺丝的蛾子。

三月末的时候，这个古怪的茧里孵出了一只雌性小孔雀蛾，我立刻用金属丝网把它罩起来，放在书房里。我把窗户打开，让十里八乡都知道我家出生了一只雌蛾，让到访者能轻易找到笼子。我的小囚犯趴在金属丝网上，整整一个星期都没动弹。

被囚禁的小孔雀蛾真是漂亮：棕色的天鹅绒外衣上点缀着波状的线条；一条雪白的围巾围在颈间；两个上翼尖上分别有一个深红色的斑点；四只大眼睛里面分布着一圈一圈的同心圆弧，分别是黑的、白的、红的和赭黄的，色彩比大孔雀蛾的更艳丽。这么漂亮的大型蛾类我只见过三四次，看到它的茧是第一次，雄蛾还从来没有见过。根据书上的记载，雄蛾的体形大概是雌蛾的一半，体色更加鲜艳，下翼为橘黄色。

雌性小孔雀蛾（上）和雄性小孔雀蛾（下）

这风姿翩翩的陌生客会颤动着羽状触角现身吗？迄今为止，我还没有见过一只雄性小孔雀蛾，难道小孔雀蛾在这一带就这么罕见？藏身于远方树篱间的雄蛾会接收到在我书房桌子上苦苦等待的新娘发出来的信息吗？我相信它们可以，事实证明我是对的，而且雄蛾的到来比我想象的还早。

正午的时候，一家人正围坐在餐桌旁吃饭。因惦记着雄蛾而缺席的小保罗突然向我们飞跑过来。他的面颊胀得绯红，手指间夹着一只翅膀还在不停扇动的漂亮蛾子。这是小保罗刚刚在书房门前抓到的战利品。他马上跑来拿给我看，眼里充满了期盼。

"啊哈！"我尖叫道，"这就是我们要等的客人！快把餐巾折起来，一起看看发生了什么事情。吃饭的事情一会儿再说。"

眼前的震撼场景让我们忘记了吃饭：小囚犯的呼唤像魔法一样召来了一群匆匆赶来的雄蛾，大家一起准时赴约，实在太不可思议了。雄蛾歪歪斜斜地飞过来，一只接着一只，而且都是从北边飞过来的，这个细节非常重要。一个星期以前，村子里出现了天气回冷的现象。北风呼啸，把早开的杏花纷纷吹落。在法国南部，暴风骤雨通常是春天到来的序曲，这次降温只是其中的一次而已。现在气温突然回升，但是北风一直没停。

所有赶到花园和小囚犯会面的雄蛾都来自一个方向——北方，这种情况我还是第一次碰到。它们飞行的方向与风向一致，没有一只逆风而行。如果雄蛾具有和人类一样的嗅觉器官，即能够受到飘散在空中的香味原子的吸引，那么它们应该来自相反的方向。假若雄蛾从南方飞来，我们尚可认为它们受到冷空气中携带的信息的指引；然而目前法国南部正盛行干冷的北风，狂风裹挟着尘土和空气，雄蛾怎么可能在遥远的地方闻到我们称之为气味的东西呢？在我看来，香味原子不可能逆着气流方向传播。

正午阳光灿烂，整整两个小时，不停有访客飞抵书房的外墙。来了以后，大多数雄蛾要花很多时间贴着高墙或地面飞来飞去，好像在找寻着什么。它们如此犹豫，肯定是在判断诱饵的精确位置时遇到了困难。虽然雄蛾能从遥远的地方准确无误地赶到这里，但似乎不能马上找到目标的精确位置。不过它们早晚会飞进书房，向心上人致意，但没有更激情的表现。集会于两点结束，总共飞来十只小孔雀蛾。

在整整一周的时间里，每天中午，在阳光最强的时候，总会有雄蛾飞来，但数量越来越少。几天下来，总数可达四十只。再把实验进行下去意义不大，因为得到新结果的可能性很小。总结小孔雀蛾的实验，我得到两点新结论。

首先，小孔雀蛾是昼行性昆虫，也就是说它们会在正午阳光最强烈的时候交配，它们需要充足的光照。虽然两种孔雀蛾在成虫大小和毛虫造茧技艺上非常相似，但习性不同——大孔雀蛾的交配时间是前半夜。谁能解释两者在习性上的巨大反差呢？

其次，虽然强劲的气流与传播气味的物质流完全反向，但并没有像我们所设想的那样，影响雄蛾从逆着气味传播的方向赶来。

要想继续研究下去，就需要找到一种昼行性蛾子或者蝴蝶，但不是小孔雀蛾，因为雄蛾来得太迟，它们到来的时候，已经无力为我提供信息了。我要找的是一种能及时赴约的昆虫，品种倒不是很重要。我能如愿吗？

第二节

橡树蛾的恋爱观

是的，功夫不负有心人，我终于找到了！一个七岁的男孩经常来我家兜售萝卜和西红柿，他长得聪明伶俐，只是不天天洗脸，还光着脚丫，穿一条拿绳子当腰带的破裤衩。一天，小男孩提着菜篮来到我家，我付了几个苏给他。小男孩拿在手里一枚一枚地数着，那可是妈妈吩咐一定要带回家的菜钱。接着，他从兜里掏出一样小小的东西，说是前一天为兔子割草时在树篱底下发现的。

"这个，您要吗？"他边把东西递给我边说。

"啊，当然要啦！帮忙再弄几个，越多越好，星期天我带你去玩旋转木马。还有，这是两个苏，拿着吧。记清你的账哟，别和萝卜钱混在一起，这是你自己的。"小家伙非常高兴，点着乱蓬蓬的头表示会努力去找，仿佛财富就在眼前。

小男孩走了以后，我拿着他给我的东西仔细察看。这的确是一个非同一般的虫茧，茧呈茶褐色，中间粗，两端圆钝，摸上去很结实，有点儿像蚕茧。我从书本上的简短介绍了解到这是橡树蛾的茧。如果没弄错的话，这可真是个惊人的发现！我可以继续研究下去，也许还能搞明白在大孔雀蛾身上没有解决的问题。

橡树蛾是蛾类中的经典品种，所有昆虫学著作都会提及雄性橡树蛾在交配季的壮举。据说，只要雌蛾从被俘获的蛹中孵出来，就算它在远离郊野的大城市，就算它被关在一间公寓的房间里，甚至被放在密闭的盒子里，这个消息也能传到树林里和草地中。在某种神奇力量的指引下，雄蛾从遥远的田野赶来，直奔盒子。它们用翅膀扑打盒子，在放雌蛾的屋子里飞来飞去。

　　在书中读到这样的情节是一回事，能亲眼见到并参与其中就完全是另一回事了。我花两个苏买来的便宜货到底是什么？它会为我带来一只大名鼎鼎的橡树蛾吗？

　　橡树蛾还有另外一个名字——修道士蛾，因为雄蛾的外衣酷似修道士的锈红色长袍。但在雌蛾身上，棕色的粗斜纹布换成了美丽的天鹅绒，上面嵌着浅色的横向条带，两个翅翼前侧还有一对白色的眼状小斑。

雄性橡树蛾（左）和雌性橡树蛾（右）

　　修道士蛾可不是随便什么人在合适的季节拿个网子就能捕到的。我在这里住了二十年，竟然从来没有在村子周围和自家花园里发现过它们的踪影。我确实不是狂热的蝴蝶捕手，我对标本组中的死蝶不感兴趣，我需要的是具有完备身体机能的活物。虽然我不像捕蝶人那样充满激情，但我有一双善于观察的眼睛，田野里所有飞虫和爬虫都尽收眼底。如果遇到体形和色彩如此出众的蛾子，它怎么可能逃过我的法眼呢？

我用玩旋转木马作诱饵也没能使小家伙找到第二个茧。三年里，我发动朋友和邻居，尤其是小孩子中手疾眼快的机灵鬼，同时自己也亲自出马在枯叶堆下面翻找，我搜遍了附近所有的乱石丛和空树干，可是一切都是徒劳——这种茧太珍贵了。这足以证明修道士蛾在我家附近极为稀少，很快我们就会发现这个细节有多重要。

正如预期的那样，这个茧果然为我带来了一只橡树蛾。八月二十日，一只雌蛾爬了出来：胖胖的身体，大大的肚皮，体色和雄蛾差不多，只是颜色稍浅些。我马上把它关进金属丝网，放在实验台中央，四周凌乱地摆着书本、玻璃瓶、托盘、盒子、试管还有其他东西。在讲大孔雀蛾的时候，我介绍过这里的环境。房间里有两扇窗户，都朝向花园，一扇关着，另一扇从早到晚都打开。两扇窗户相距三四米，蛾子就放在两扇窗户中间的罩子里。

那天剩下来的时间以及第二天都没有什么特别的事情发生。雌蛾趴在金属罩向光的一侧，一动不动，一副懒洋洋的样子。它的翅膀平摊着，触角也没有任何动作，和雌性大孔雀蛾的表现很相似。

雌蛾在逐渐成熟，纤弱的身子一天天变得强壮。它能通过科学家们不了解的过程释放出一种神秘信号，把求爱者从四面八方吸引过来。这个大肚皮的蛾子到底在做什么？它的身体到底发生了怎样的变化，竟能影响整个乡村？

到了第三天，新娘准备就绪，婚礼隆重开始。当时我正在花园里唉声叹气，因为日子一天天过去，什么有趣的事情都没发生。下午三点正是天气炎热、日头毒辣的时候，我看到一群蛾子聚在敞开的窗户附近盘旋飞翔。

求爱者终于来投奔它们的心上人了！一些正从屋里飞出来，另一些正往屋里飞，还有一些停在房屋的墙壁上，好像长途跋涉后已经筋疲力尽，需要稍做休息。还能看到其他一些蛾子正越过高墙，穿过柏树林，从远处飞向这里。它们来自各个方向，但数量渐渐开始下降。啊，我错过了婚礼的开幕式，现在，宾客们已经差不多到齐了。

我走上楼去。现在，在朗朗晴日之下，我又一次完整见证了第一次在夜里看到大孔雀蛾时的惊人场景。书房里狂舞着一大群雄蛾，粗略估计大概有六十只，场面如此混乱，我实在无法把它们一一数清楚。在围着笼子盘旋了几圈之后，许多雄蛾飞向打开的窗户，但很快又折回来重新开始转圈。最急切的雄蛾会停到金属罩上，与同伴相互推挤，以便占据最佳的位置。在金属罩的另一面，雌蛾把肥硕的身子贴在金属丝网上，一动不动地等着。面对这群狂暴的求爱者，雌蛾没有表露出一丝一毫的激动。

这些雄蛾走了又回来，或者落在金属罩上，或者在屋子里飞来飞去……三个多小时过去了，雄蛾还在狂乱地跳着西班牙舞。可是太阳渐渐西沉，气温越来越低，雄蛾的热情也随之降温。许多雄蛾飞走了就没再回来；剩下的雄蛾则占据优势地形养精蓄锐，准备进行第二天的狂欢，它们和大孔雀蛾一样趴在关闭的那扇窗户的十字窗棂上。这一天的热舞到此结束，第二天它们还要重新开始——因为被金属罩挡在外面，交配任务还未完成。

可是，婚礼没能继续，我又一次陷入了绝望。这都是我的错！那天晚上，有人拿来一只合掌螳螂，这只螳螂最引人注目的特点就是小得出奇。当时，我满脑子都是下午发生的事情，未加思索就把这只食肉昆虫和雌蛾关在了一个金属罩里。我完全没有想到让两种昆虫同居会造成什么后果。看起来，合掌螳螂那么瘦弱，而雌蛾又是那么肥硕！

唉，我真的不知道这挥舞着多爪铁钩的昆虫竟如此嗜杀成性！第二天早上，眼前的情景让我大吃一惊：身材瘦小的螳螂正在啃咬体形硕大的雌蛾，雌蛾的头和前半截身体已经不见了。多么可怕的虫子，它在不该出现的时候来到我的身边！再见了，我的研究工作，和我彻夜未眠想出的种种研究计划！在接下来的三年时间里，因为找不到实验对象，我的研究工作被迫停滞。

然而，不幸并没有让我淡忘取得的些许研究成果。因为一次偶然，引来六十只雄蛾到我家做客——考虑到橡树蛾如此稀少，我和助手花了好几年时间也没能搞到一只，这个数字实在惊人。没想到一只雌蛾的召唤竟能使这些乡间隐士突然之间集体现身。

它们来自哪里？各个地方都有，而且路途遥远。在漫长的搜寻中，我对附近所有的灌木、树丛和碎石堆都了如指掌。我敢肯定，这一带绝对没有橡树蛾。我在实验室里发现的这一大群雄蛾肯定来自四面八方，至于它们到底来自半径多大的区域，我实在不敢妄加猜测。

三年后，好运又一次降临，我终于得到了两个橡树蛾或称修道士

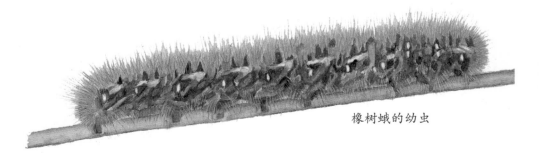

橡树蛾的幼虫

蛾的茧子。到八月中旬的时候，两个茧相继孵出了雌蛾，我又可以重复并变换不同的方式进行实验了。

我很快开始重复在大孔雀蛾身上得到明确结果的实验。白天到来的求爱者并不比晚上到来的笨拙，我的所有伎俩都被它们识破。不管我把关雌蛾的金属罩放在房子的哪个方位，它们都能准确无误地找到，甚至在壁橱的最里面。只要不是密不透风，它们就能破解盒子里面的秘密。如若把盒子完全封死，雄蛾就无计可施了。到此为止，这些研究还只是对大孔雀蛾行为实验的重复。

如果盒子完全密闭，里面的气体就不会跑到外面来，那么雄蛾就得不到闺中新娘的任何信息。哪怕把盒子放在最显眼的窗台上，也招不来一只雄蛾。于是，用木板、金属、硬纸板、玻璃等能够阻挡气味的容器和不能阻挡气味的容器进行实验的想法又浮现在我的脑海中。

尽管我认为雌蛾释放的气味太过微弱——人类的嗅觉器官无法感知，一定会被萘球的浓烈气味盖住，影响雄性大孔雀蛾捕捉配偶发出的信息——但先前的实验结果恰恰相反。现在，我要用橡树蛾重复这个实验。这一次，我动用了所有我知道的能散发浓烈气味的药物。

我准备了十几只小托盘，有些放在关雌蛾的金属罩里面，有些则围成一圈放在金属罩四周。这些托盘里，有的装着萘球，有的装着薰衣草油，有的装着石油，还有的装着散发臭鸡蛋味的硫化物溶液。如果不想把小囚犯熏死，恐怕也只能准备这么多了。一大早我就把这些东西通通布置好，不等求爱者到来，屋子里就会怪味四溢了。

到了下午，实验室里满是令人恶心的气味，最刺鼻的是薰衣草的浓烈香味和硫化氢的恶臭。再加上经常飘散在这间房子里的烟草味，以及周围煤气厂、吸烟室、香水店、油井和化工厂的气味，这下橡树蛾该晕头转向了吧？

根本没有！到下午三点左右，飞来的雄蛾一点儿也不比往常少。它们直奔盖了一块厚布的笼子，那块布是我为增加难度特意放在那里的。进入实验室的时候，雄蛾看不到笼子，只能闻到一股能压制任何细微气味的浓烈怪味；然而它们仍然会直奔被关押的小囚犯，钻进亚麻布下面想接近它。我的诡计又落空了。

显然，这次实验只能让我对用萘球考察大孔雀蛾的结果确信无疑。按理说，我应该从失败中获取教训，放弃雄蛾因为受到气味指引而赶来参加婚宴的想法。感谢一次偶然的发现，让我没有这么做。机遇常常会为迷途之人准备一个意外的惊喜，指引他走上正确的道路。

一天午后，为了试验雄蛾进屋之后是否会依靠视觉找到雌伴，我把小囚犯转移到玻璃钟罩下面，还在里面放了一小段带着枯叶的橡树枝，好让雌蛾趴在上面休息。玻璃钟罩就放在与打开的窗户相对的一张桌子上，从窗户飞进来的雄蛾不可能看不到小囚犯，因为它们要从它身边经过。小囚犯前一天住过的沙盘和盖在上面的金属罩显得碍手碍脚，我随手把它们放在房间另一侧的地板上，那个角落光线很暗，离窗户有十米远。

实验结果完全打乱了之前的预想——没有一只到访者停在玻璃钟罩上！尽管雌蛾就在眼前，那里的光线也很充足，但它们都目不转睛、毫不迟疑地奔向屋子里放着沙盘和空罩子的阴暗角落。

雄蛾在金属罩顶上来回搜寻，拍打翅膀，相互推挤。整个下午，直到太阳落山，它们都在围着空罩子跳西班牙舞，就好像雌蛾还在里面一样。最后，它们终于飞走了，可还有几只不肯离去，仿佛这里有一股魔力似的。

这真是个奇怪的结果！雄蛾聚集的地方根本没有吸引它们的诱饵，

可它们还是不肯离开，完全不管眼睛有没有看到。尽管进进出出的雄蛾一定看到了关在玻璃钟罩中的小囚犯，但没有一只在此停留。疯狂赶来参加婚礼的它们竟然对真正的新娘熟视无睹。

到底是什么让雄性橡树蛾如此着魔？前一天晚上和第二天早晨，雌蛾一直待在金属罩下，有时攀在丝网上，有时趴在沙盘上。它身体接触过的地方，特别是大肚子碰过的地方，都会因为长时间接触而带有一种特别的气味，这就是雌蛾配制的春药，也是它的魅力所在——引诱大批橡树蛾集体出动正是因为有了这个法宝。沙土能将这种气味保留一段时间，同时向空气中一点儿一点儿地散发。

攀在金属丝网上的雌性橡树蛾

175

求爱者忽略了雌蛾所在的玻璃笼子，纷纷扑向撒过春药的金属丝网和沙盘。它们在已被废弃的牢房旁边你推我挤，全然不顾魔法师已经离去，只留下芬芳的气味萦绕不去。

　　调制魔力无穷的春药需要时间。我猜测这是雌蛾在求偶时发散出来的物质，这种物质能逐渐浸透与雌蛾静止不动的身体相接触的所有地方。如果把玻璃钟罩直接放在桌面上，或者更进一步，放在一块方形玻璃上，那么内外的空气流通就会不足。在春药浓度不够的情况下，雄蛾闻不到气味，自然不会飞来赴约。很明显，玻璃对气流的阻挡并非内外空气不流通的唯一原因，即使我用三个垫块支在玻璃钟罩下面，使钟罩内外的空气通过钟罩与底座之间的空隙自由交换，雄蛾也不会立刻围拢过来，哪怕屋里雄蛾的数量相当多。大约半个小时之后，雌蛾的煎药器才开始发挥作用。这时，雄蛾会像往常一样聚集到玻璃钟罩周围。

　　根据以前的实验结果和上述意外发现，我对实验条件进行了调整，得到的结果大同小异。早上，我把雌蛾关进之前的金属丝网，还放入一小截枯枝作为支撑。连续几个小时，雌蛾一动不动地趴在橡树枝上，好像死了一般。雌蛾的身体半掩在干枯的树叶中，那堆叶子上一定浸满了它的春药。

　　在求爱者到来之前，我移走了树枝，那上面吸满了春药。我把树枝放在离那扇打开的窗户不远的椅子上，而金属丝网罩下的雌蛾被我挪到屋子中间的桌子上，位置很显眼。

　　雄蛾像往常一样找了过来：一只、两只、三只……现在是五只、六只。它们飞进来，飞出去，又飞进来，一会儿向上飞，一会儿向下飞，在窗户附近绕来绕去，而放树枝的椅子恰好在窗户附近。金属丝网罩下的雌蛾正在离窗户只有几步之遥的地方等候，但没有一只雄蛾飞向那里。很明显，雄蛾的行动有些犹豫，它们还在寻找。

它们终于找到了！找到的是什么？是橡树枝，那是早上供胖主妇休憩的床笫！雄蛾飞快地拍打翅膀，停在叶子上仔细检查，还把树枝抬起来、推来推去。树枝终于掉到了地上，这不影响它们继续在树叶中寻找。翅膀扇、小爪子踩，树枝在地板上打着转，看上去就像被猫爪玩弄的纸片。

就在这群雄蛾推搡树枝的时候，又来了两名新客人。它俩飞到椅子上，在刚才放树枝的地方急切地搜寻。不过，和其他雄蛾一样，它俩真正的目标正在不远处的金属丝网下苦苦等候。我甚至没有用布把金属丝网盖住，可还是没有引来一只雄蛾。地板上，求爱者们还在推搡早上雌蛾曾经躺过的树枝；另一些雄蛾则停在椅子上，反复检查曾经放树枝的地方。太阳即将落下，又到了告别的时候。虽然春药还在向空气中散发，但药力渐渐减弱。到访者匆匆而去，明天之前不会再来了。

在接下来的实验中，我把偶然使用的橡树枝换成了各种材质的东西。在到访者光临之前，我把雌蛾放到用法兰绒或者纸板做成的床上，甚至还尝试把它放在和帆布床一样坚硬的木板、玻璃、大理石或者金属片上。所有这些东西，只要和雌蛾接触的时间足够长，就会对求爱者产生与雌蛾本身一样强的吸引力。它们保留这种吸引力的时间有长有短，取决于材质的性质。雄蛾在纸板、法兰绒、灰尘、沙子和多孔物质上停留的时间最长，如果是金属、大理石或者玻璃，效果就要差很多。凡是雌蛾待过的地方都沾染了它撒的春药，于是就会出现树枝落地之后，雄蛾仍然团团围住麦秸秆椅子的现象。

借助一种吸味性很强的材料——法兰绒，我见证了一个奇怪的现象。我把一块雌蛾睡了一早上的法兰绒垫在长试管或者细口瓶的底部，瓶口的宽窄刚好能容雄蛾钻进去。到访者飞进了我设计的陷阱,不管它们如何扑腾,也飞不出来。啊哈!用这种方法能逮住所有到访的雄蛾。我把囚犯们一一释放,然后取出法兰绒,放入一个密封性很好的盒子。我发现被释放的囚犯又一次义无反顾地扑向陷阱,也许因为法兰绒上的气味沾在玻璃瓶上了吧。

现在我确信,吸引雄蛾大老远赶来参加婚宴的是成熟雌性身上散发出的一种极其细微的气味,人类的嗅觉器官根本闻不出来,哪怕把鼻子贴到雌蛾身上。我家里没有一个人能闻到这种气味,嗅觉尚未钝化的儿童也不例外。

只要雌蛾在某个地方待上一段时间,接触过的物品就会沾染上这种气味;在气味没有完全散发掉之前,雌蛾接触过的物品会和雌蛾一样成为注目的焦点。

雄性橡树蛾的触角

诱饵是不可见的：在雌蛾刚才的休憩处——一张纸片上，到访者蜂拥而上，然而这里没有任何可见的痕迹，连水气都没有，表面干净得就像雌蛾从来没有躺过一样。

春药的配制并非一蹴而就，必须逐渐积累才能发挥最大药效。将雌蛾从睡椅上移开会使雌蛾暂时失去吸引力，成为不被关注的对象。到访者都飞到雌蛾刚才休息过的地方，那里因为与雌蛾长时间接触而沾染了它的气味。不过，雌蛾很快就会重新恢复魅力。

不同物种的雄蛾感知到气味的时间有早有晚。刚孵出来的雌蛾要成熟一段时间才会具备交配能力。早上出生的大孔雀蛾有可能当晚就能引来求爱者，不过更常见的情况是要等到第二天，也就是说准备时间约为四十个小时。而橡树蛾要在三四天之后，才会向外发布它的征婚广告。

让我们回过头来讨论一下先前未解决的触角功能问题。同大孔雀蛾一样，雄性橡树蛾长着一对华丽的触角，这丝绸般的"感受器"是指引雄蛾赴宴的罗盘吗？我重新进行了之前的触角切除实验，但对结果不是十分看重。被动过手术的雄性橡树蛾一只也没有回来，不过，仅仅根据这一次实验的结果是无法得出明确结论的。在对大孔雀蛾进行实验时，雄蛾没有飞回来别有其他原因，这些原因恐怕比切除触角更重要。

另外一种长相和橡树蛾很相近的枯叶蛾——苜蓿蛾给我出了一个难题。这种蛾也有华丽的羽状触角，在我家周围非常常见，甚至在花园里就能找到苜蓿蛾的茧。茧的外形很容易与橡树蛾混淆——我本指望从六个茧中得到六只橡树蛾，没想到八月底的时候，从茧里孵出来的竟是另一种蛾子。可这六只在我家出生的雌蛾没有引来一只雄蛾，然而在这附近，雄蛾的数量肯定不在少数。

如果这丰满的羽状触角真是感觉器官，能感知远方雌蛾发来的信息，为什么同样长着华丽触角的苜蓿蛾没有引来雄蛾呢？为什么苜蓿蛾的羽状"感受器"不能像同样属于枯叶蛾的橡树蛾一样发挥作用呢？因此，器官不决定能力：虽然两种昆虫都有外形相似的器官，但却具备不一样的能力。

第六章

甲虫

　　甲虫，按昆虫学的术语来说，就是鞘翅目昆虫（Coleoptera）。鞘翅目是昆虫纲中最大的目，共四亚目，一百七十八科，三十六万种，占到已知昆虫总数的三分之一。鞘翅目昆虫通常具有坚硬的身体。前翅角质化，也称鞘翅；后翅呈膜质，常常折叠于前翅内，不过一旦打开，后翅就会变得非常庞大。

鞘翅

后翅

　　这里，法布尔主要介绍了两种具有代表性的甲虫。

　　金步甲隶属步甲总科（Caraboidea）步甲科（Carabidae），因为身上泛有美丽的金属光泽而被法布尔称为金步甲。步甲科昆虫生性凶猛，从法布尔笔下惨遭腰斩的松毛虫，就能感受到金步甲不同寻常的"屠夫"本色。据说步甲科昆虫甚至能敌得过一条小蛇！

　　粪金龟隶属金龟总科（Scarabaeoidea）粪金龟科（Geotrupidae），俗称屎壳郎，它们推着粪球快乐奔走的样子早已深入人心。粪金龟可是自然界的大力士，能够推动比自己身子还大的粪球；雄粪金龟更是昆虫世界少有的好爸爸，会全程参与繁殖后代的劳动……

第一节

残忍屠夫金步甲

刚写下第一行文字，我就想起了芝加哥的屠宰场。这些可怖的肉类加工厂一年要宰杀一百零八万头小公牛、一百七十万头猪……这些生命被生生卷入机器，变成肉罐头、香肠、猪油，还有火腿。啊，我之所以会想起这些，是因为下面我要描述一种甲虫，这种甲虫屠杀的速度和机器一样快。

在宽敞的玻璃罐子里，我畜养了二十五只金步甲。现在，它们正躺在一片借以藏身的木板底下一动不动，肚皮贴着冰凉的沙子，背靠在温暖的木板上。阳光照耀着木板，金步甲在木板下面打着瞌睡化食。我运气不错，抓到了一队松毛虫。当时它们从树上爬下来，正寻觅合适的藏身之处，好在那里化蛹。对于屠夫金步甲来说，松毛虫可是绝佳的美味。

我抓住了这队松毛虫，把它们放到玻璃罐子里。它们很快恢复了队形：这一百五十多条松毛虫排队前行，看上去就像一条蠕动的线。

松毛虫

它们一条接一条地爬到木板边上，酷似芝加哥屠宰场的猪。这是个绝好的时机，让屠杀开始吧！我放出了好战的"猛犬"，也就是说，挪开了那块木板。

金步甲闻到大餐的气味，立刻从瞌睡中惊醒。其中一只迫不及待地向前冲去，另外三四只紧随其后。所有屠夫都苏醒了，埋在沙土里的也赶紧爬出来，一齐扑向鱼贯前行的松毛虫队伍。啊！我想我绝不会忘记这一幕：大群甲虫从四面八方围拢过来，前后夹击松毛虫的队列。可怜的松毛虫要么被腰斩，要么被啃去了肚皮。毛茸茸的皮肤被扯开，绿色的液体混合着尚未消化的松针流了出来。松毛虫苦苦挣扎，把身体扭成环形，用爪子扒住沙土，嘴巴大张着，口水一滴滴地往下淌。尚未受伤的松毛虫绝望地挖着泥土，想要钻到地底下。但它们刚刚把半截身子埋在地下，就被金步甲一口叼住，撕开了肚皮。

要不是因为屠杀发生在无声的世界里，我们听到的惨叫一定与芝加哥屠宰场的惨叫一样恐怖。只有心怀恻隐的人才能听到被开膛破肚的受害者发出的嘶喊。我似乎听到了这些声音，内心懊悔制造了如此的一场惨剧。

在一堆堆死去的和即将死去的松毛虫里，金步甲还在四处翻检。它们拽着撕下一块肉来，就急急忙忙躲开同伴，跑到一旁狼吞虎咽。刚吃掉一块，又迫不及待地去撕扯另一块……它们根本不打算留下任何食物。短短几分钟时间，松毛虫队列就只剩下一些微微颤动的残片了。

我放进去一百五十条松毛虫，而屠夫只有区区二十五名，也就是说，平均每只金步甲吞掉了六条松毛虫。如果金步甲像肉厂里的屠宰工人那样，除了杀戮啥都不干，并且我们有一百名像金步甲那样高效的工人——与猪油或者火腿加工厂相比，这只是个非常保守的数字——按一天工作六小时计算，被屠宰的牲口将达到三万六千头。这个产量恐怕连芝加哥的"罐头加工厂"也望尘莫及。

要是再考虑进攻的难度，金步甲屠戮的速度就更加不可思议了。它们没有屠宰场的传送带，不能将猎物的脚爪钩住，吊起来，送到猎刀下面；它们也没有滑板，不能将猎物的脑袋传到长柄斧底下。金步甲得扑向猎物，避开它的脚和嘴，征服它；还得在屠杀现场吃掉猎物。要是金步甲只负责屠杀的话，送命的松毛虫不知该有多少！

芝加哥的屠宰场和金步甲猎物的惨剧能告诉我们些什么？迄今为止，我们知道，人类的所谓高尚道德只是很少见的案例。在文明的外衣下潜藏着祖先——蛮荒时代穴居野蛮人的野性，真正的仁义或许根本就不曾存在过。几百年来，我们一次又一次经历着良知的拷问，真正的仁义才开始一点儿一点儿地生根发芽，也许有一天会达到顶峰吧，不过那速度实在慢得让人心碎。

古代社会的基础——奴隶制不久前才刚刚灭亡；也还是不久前，人类才意识到，黑人也是真正意义上的人，应当得到一视同仁的对待。

那么，从前我们认为妇女是什么呢？直到现在，东方世界依然认为妇女只是一种温顺的、没有灵魂的牲畜。学者们一直在讨论这个问题。连十七世纪末法国大主教波舒哀都认为，妇女不过是男人的附属品。证据来自夏娃的诞生：她不过是一根多余的骨头，是从前长在亚当身上的第十三根肋骨。现在人类终于认识到，妇女和男人一样拥有完整的灵魂，甚至在亲和性和忠诚度上还要优于男人。妇女开始被允许接受教育，她们参与学习的热情不亚于男性。但是，法律中仍然隐藏着很多野蛮的条款，继续把妇女看作能力低下或弱小的类群。我们相信，法律早晚会向真理屈服。

废除奴隶制和妇女受教育是人类文明发展进程中迈出的两大步。不过，我们的后代会比我们更加理智。他们终将明白，智慧能够征服各种障碍，而战争才是最令人绝望的荒谬行为。所谓的征服者，即赢得战争和摧毁国家的人，是令人憎恶的罪恶之源；哪怕是肉搏都要比枪战好得多。最幸福的民族不是那些拥有最庞大军队的民族，而是在和平氛围中劳动并获得丰厚回馈的民族。国界的划分不一定能保障生活的安宁，在跨越国界时还要应对被搜口袋和抢劫包裹的麻烦。

我们的子孙会看到这些，以及其他我们现在看起来还是奢望的梦想。人类的进步会将我们带到多高的理想高度？一时达不到那样的高度并不可怕，可怕的是原罪——如果把那些我们无力改变的罪孽称为原罪的话，我们已经沾染上了无法抹去的污点。我们生而具有某些本性，这是我们不能改变的。我们和野兽一样，急于填饱肚子，常常贪得无厌。

民以食为天。在我们面临的所有重要问题之中，最迫切的恐怕是面包和黄油。只要我们还长着胃，就必须四处寻找食物填满它，就会发生弱肉强食的现象。生命真是个无底洞，只有死亡才能将它填满。人类正是靠着无休止的杀戮养活自己，这一点丝毫不逊色于甲虫和其他生物；无穷无尽的屠杀让地球本身就像个屠宰场，相比之下，芝加哥的屠宰场又算得上什么呢？

然而，盛宴总是难得的，在这僧多粥少的地方，得不到食物的人嫉妒占有食物的人，饿汉对饱汉咬牙切齿，于是血战就会因争夺财产而爆发：人们招募军队来保卫自己的收成、粮仓、酒窖，什么都是武力说了算。什么时候才能看到战争终结呢？历史无数次重演！只要有狼的地方，就会有牧羊犬！

扯远了，我们还是回到金步甲上来吧。这队松毛虫原本正打算把自己埋到土里化蛹，而我却将它们丢给了屠夫。我为什么要制造这起惨剧呢？难道我很享受这场疯狂的杀戮吗？不，我向来对动物充满同情，即便是最微小的生命，也值得我们去尊敬。然而，除去同情，还有科学研究的需要，而这种需要常常是残忍的。

让我们把研究的主题转向金步甲的习性。在我们的花园里，金步甲是害虫杀手，人们通常把它称为"园丁甲虫"。它究竟是怎么赢得这个美称的？它的猎物到底有哪些？它能为我们的花圃和草坪赶走什么样的害虫？用松毛虫做试验前景看好，让我们继续研究下去。

大约在四月末，我好几次看到排成或长或短队列的松毛虫。我将它们抓住，放在饲养罐里。喋血的宴席即将开始。松毛虫被开膛破肚，有时一对一，有时好几只金步甲一起肢解一条松毛虫。不到一刻钟，这队松毛虫就被全歼。除了一些稀烂的碎片，什么都没留下。而甲虫连这些碎片都不放过，将它们拖到木板底下，留着慢慢享用。一只肚满肠肥的金步甲正叼着战利品，想躲到安静的地方享受，可惜半路上被贪婪的同伴发现了。为了得到这块肉，同伴们竟公然抢劫。一开始是两只，接着变成了三只，很快，所有金步甲都围了过来，想从合法的拥有者手里抢走这块战利品。它们拽着肉块，撕下来急急忙忙吞下去。这里没有打斗，也没有一群狗在争抢骨头时的过激行为——其他金步甲这么做无非是想分一杯羹而已。如果合法的拥有者咬住肉块不放，其他金步甲会一拥而上，嘴靠着嘴撕下一小块碎肉各自享用。

金步甲猎食松毛虫

我曾经不止一次被松毛虫身上的腐蚀性毒素伤害过，手上肿得很疼。想必松毛虫是一种重口味的食物，不过金步甲却非常爱吃。不论我给它们送去多少松毛虫，它们都能吃个精光。不过据我所知，没有人在松毛虫的丝茧里发现金步甲和它的幼虫，我可不想在那儿发现它们。这些茧里只有到冬天才有居民，那时金步甲不吃不喝，在土壤里懒懒地躺着。不过，到了四月，当松毛虫队伍寻找合适的地点以便把自己埋在地下完成变态发育时，只要有幸遇上它们，金步甲就能享受到完美的盛宴。

这些甲虫对猎物身上的毛一点儿都不在乎；不过，毛最多的刺毛虫就不是甲虫所能应付的了。刺毛虫一拱一拱地爬行，背上竖着半黑半红的刺，在刺客身边已经溜达好几天了，刺客对它视而不见。有时候，其中一只甲虫会停下来，围着这毛茸茸的东西仔细打量，试图刺穿这堆乱蓬蓬的毛。又长又密像栅栏一样的毛立马把甲虫唬住，杀手没来得及下手就匆匆离开。刺毛虫背着刺一拱一拱地向前爬去，感觉自己非常安全。

不过，这样的状态无法长期维持，饥饿终将战胜恐惧。在众同伙的助威下，一只起先畏畏缩缩的金步甲决定发动强攻。四只金步甲冲了上去，刺毛虫腹背受敌，终于败下阵来。它就像毫无防御能力的可怜虫一样，被一群贪婪的饿汉撕碎，吃个精光。

能抓到什么样的毛虫喂养金步甲全靠运气，有些毛虫光溜溜的没有毛，而有些浑身长满毛。只要毛虫的个头和金步甲差不多，就会遭到金步甲的攻击。太小的毛虫还不够金步甲塞牙缝，它们才看不上呢；不过若是太大，金步甲也搞不定。天蛾和大孔雀蛾的毛虫属于容易捕获的猎物，但有时金步甲刚侵犯到毛虫，后者就会扭动壮硕的身子把它甩出老远。一连几个回合，金步甲都被抛了出去，最后只好懊恼地放弃猎物。我曾经在园丁甲虫的罐子里放了两条身体强壮的毛虫，它们在罐子里安然无恙地待了两个礼拜。凭借突然扫动尾部进行反击，凶恶的甲虫也奈何不了它们。

只有在攻击无力反抗的毛虫时，金步甲才会占上风。金步甲还有一个缺点，就是只能在地面上捕食，无法上树。我从来没见过它们尝试爬上哪怕是最矮的灌木。在笼子里，如果毛虫躲到一丛百里香上，即使离底面只有一拃高，金步甲也懒得看上它一眼，不管那种毛虫有多美味。这真是太可惜了！如果金步甲会爬树，只消三四只就能迅速全歼花园里祸害卷心菜的菜粉蝶幼虫。唉，强手总免不了有缺陷和不足。

消灭毛虫是园丁甲虫的天职，不过可惜的是，金步甲几乎没有办法搞定家庭菜园里的另一个坏蛋——蜗牛。蜗牛吐出的黏液让金步甲吃不消。只要硬壳没有残缺或破损，并且蜗牛没有钻出硬壳，金步甲对它们就构不成威胁。不过，金步甲有两个个头稍大、全身黝黑的亲戚（其中之一是普罗克汝斯忒斯步甲），即便蜗牛在拼死一搏的时候吐出黏液，它们俩照样敢向对手发起进攻，直到把蜗牛壳掏空。可惜普罗克汝斯忒斯步甲在我的花园里不太常见，不然它一定能成为一位优秀的园丁助理。

普罗克汝斯忒斯步甲

金步甲的婚俗

　　谁都知道金步甲是毛虫的天敌，这也是它被称作"园丁甲虫"的原因。金步甲是机敏的警察，巡逻于我们的菜园、花坛和绿草带中。如果说我前面的研究没有为它的美名增色，至少在接下来的几页文字中会爆出猛料——这个残杀猎物、吞噬不如自己强壮的各种虫子的妖魔同样会被同伴和其他昆虫吃掉。

　　一天，在自家门前的梧桐树下，我看见一只金步甲正急匆匆地赶路。当时我心头一喜，这下罐子里的居民又可以多一只了。抓它的时候，我发现它的鞘翅末端有轻微的损伤，难道是搏斗时挂的彩？我无从知道。重要的是，它别有什么严重的残疾。检查一番之后，我发现它伤得不重，还能为我效力。于是我把它关到玻璃罐里，和二十五只原住民相依为命。

　　第二天，我去探视这位新住民，却发现它已经死了。昨晚，同伴向它发起攻击，由于鞘翅受损，无法保护自己，它被掏空了内脏。手术进行得干净漂亮，没留下任何残片。爪子、头和前胸都完好无损，只在腹部有一道裂开的伤口，内脏就是从那里被掏出来的。呈现在我眼前的是两个鞘翅合璧的金色躯壳，就算被掏空的牡蛎壳也没那么干净。

　　这个结果让我震惊，因为我一向很注意不让罐子里缺少食物——

189

蜗牛、鳃角金龟、合掌螳螂、海蚯蚓、毛虫等金步甲爱吃的食物交替供给并且数量充足，可是金步甲仍然把它们因装备受损而无还手之力的兄弟给吃掉了，这不可能是因为肚子饿吧。

难道金步甲习惯于杀死受伤的同伴并吃掉内脏以便结束同伴的痛苦？昆虫不懂得怜悯——当看到绝望挣扎的弱小同类时，没有谁会伸出援手。如果是肉食性昆虫，搞不好会酿成同类相残的惨剧。过路的虫子常常会奔向受伤的同伴，不过不是为了帮助它，而是想吃它的肉！也许它们认为，帮助同伴解除痛苦的最彻底的方法就是吃掉对方。

那么，会不会因为那只鞘翅受伤的金步甲背部袒露，勾起了同伴进攻的本性呢？要是那只金步甲没有受伤呢？之前的各种迹象都表明，金步甲之间的关系非常和谐。在它们喋血的盛宴中，赴宴者之间从未发生过争抢，顶多是从同伴嘴里偷肉吃而已。木板下漫长的午休时间也在安定中度过：二十五只原住民把身子半掩在凉凉的土里，一边安静地小憩，一边消化着腹中的食物。它们一个挨一个地躺在属于自己的浅土窝里，我一掀木板，它们就会惊得四处乱窜，有时两两会撞在一起，但也不见有什么敌意。

一切都那么祥和，有什么理由打破它呢？然而，六月初的时候，我发现一只金步甲死了。爪子完好无损，躯体却成了一具空壳，就和之前那只毫无还手之力的金步甲一样，身体空空荡荡犹如牡蛎壳。让我们来检查一下这具空壳吧！啊，一切完好，只在腹部有一个大裂口，这说明它在遭遇同伴进攻之前并未受伤。

几天后，又有一只金步甲被杀死，作案手段和之前一样：组成盔甲的零件毫发无损，只是内脏被掏空。如果把死去的金步甲肚皮贴地摆放，它们就跟活着的时候没什么两样；但如果让它们背部朝下，就会看到盔甲里面空空如也，没剩下一点儿肉质。不久之后，我又发现了一具空壳，接着出现第二具、第三具……罐子里的住民数量锐减。要是这无情的屠杀继续下去，过不了多久，罐子里的甲虫就会所剩无几。

是因为这些金步甲太老了吗？也许它们是自然死亡，生者只是帮忙清理尸首？或者，为了减员必须牺牲一些还算健康的同伴？这个问题不大好解释，因为暴行总发生在晚上。不过凭着警觉，我终于在大白天两次目睹了凶杀过程。

六月中旬，我看到一只雌金步甲向雄金步甲发起进攻。雄金步甲体形稍小，一眼就能分辨出来。战斗开始，只见进攻者撩起对方的鞘翅边缘，从背侧咬住了对方的腹部末端。雌金步甲疯狂地拉扯对方，恨不能马上用大嘴把对方吞下去。雄金步甲仍然很有活力，但它既没有自卫，也没有还手，而是使出浑身力气向相反方向挣脱雌金步甲的魔爪。它一会儿拖着杀手向前，一会儿又被杀手拉着向后。这就是雄金步甲所做的全部抵抗了。搏斗持续了一刻钟。另外几只金步甲从旁

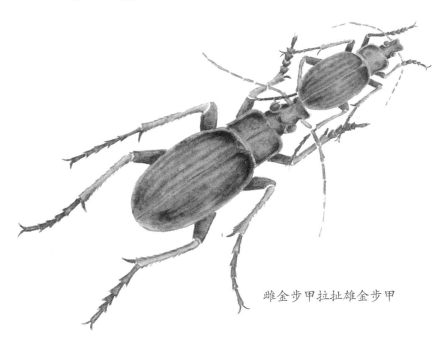

雌金步甲拉扯雄金步甲

边经过，只停下来望了望，仿佛在说："下次该轮到我了。"最后，雄金步甲使出十二分力气，终于挣脱出来逃跑了。要是落在这只丧心病狂的雌金步甲手里，它一定会被开膛破肚的。

几天后，相似的场景再次上演，不过这一次结局很凄惨。同样是一只雌金步甲从背后咬住雄金步甲不放，后者未做任何抵抗，在逃跑未遂后被雌金步甲俘虏。雌金步甲划开俘虏的皮肤，把伤口拉开，掏出内脏然后吃掉，还把脑袋埋在昔日同伴的身体里，将它的身体掏得只剩下一具空壳。那个可怜虫的脚颤抖了几下就一命呜呼了。凶手视若不见，继续在死者胸膛的犄角旮旯寻找残肉。最终，除了一对合璧的船形鞘翅和前半截身子，什么都没剩下。就这样，凶案现场留下了一具空壳。

金步甲的数量在一只只减少，罐子里经常出现雄金步甲的尸首，幸存的雄金步甲恐怕也在劫难逃。果然，从六月中旬到八月一日，罐子里的住民数量从最初的二十五只下降到五只，剩下的全是雌性。那二十只死掉的雄金步甲都被掏空了内脏，凶手到底是谁？想必是雌金步甲。

首先，因为偶然的机会，我亲眼看见了两次这样的进攻。两次都是在光天化日之下，雌金步甲咬住雄金步甲，从鞘翅底下撕开或者试图撕开肚皮。其他我没能直接看到的谋杀也能找到非常有力的证据。正像我们所看到的，受害者没有报复，也没有自卫，只是拼命想挣脱出来逃走而已。

如果这是生物之间普遍存在的、为生存而进行的搏斗，那么在被攻击者有能力反击的情况下，它一定会反击。在为生存而进行的搏斗中，雄金步甲一定会毫不客气地以血还血、以牙还牙。凭它的力气，在搏斗中取胜并非完全不可能。然而，这只愚蠢的虫子竟然放弃反抗，任由对方活吞自己。也许有一种不可抗拒的原因在支配着它，这种隐忍让我想起了朗格多克蝎：一旦完成交配，新娘就会吞掉虽然有毒针作为自卫武器但舍不得用来对付配偶的雄蝎。雄性合掌螳螂也是如此，即使只剩下无头躯干，也要紧紧地搂住新娘，而后者在没有遭遇任何反抗的情况下，一小口一小口地吃掉自己的丈夫。昆虫世界里还有其他例子能证明，在婚礼盛典上被吃掉的雄性不会做出任何抵抗。

出于同样的习俗，我饲养的雄金步甲被一只接一只地吞噬，它们是被雌金步甲咬死的。对后者来说，一旦完成交配，雄金步甲就不再有利用价值。从四月到八月，罐子里的金步甲一直在忙着交配，有时候只是试探一下，不过大多数情况下获得了成功。这些热情似火的小虫子对交配充满了激情。

金步甲的恋爱方式可谓简单、直接。在众目睽睽之下，雄金步甲越过求婚的步骤，直接扑过去拥抱雌金步甲。雌金步甲稍稍抬下头表示默许。于是这位求爱成功的骑士赶紧爬到新娘背上，用触角敲打对方的脖子。短暂拥抱后，它们就自顾自地去吃我为它们准备的点心，然后再觅新欢。只要还有雄金步甲，这个过程就会不断重复下去。看样子金步甲的生活真是快乐极了：饱餐，寻欢，继续饱餐……

雌雄交配

在我的收藏罐里，求偶者和待嫁新娘的比例严重失调：五只雌金步甲对二十只雄金步甲。不过没关系，它们不会因此大打出手，也不会因此争风吃醋；大家都相安无事，反正心愿早晚会达成。

　　我也希望罐子里的雌雄比例能更协调些，造成这种情形的原因取决于机遇而不是我的主动选择。早春时候，我翻遍了附近的石块，把隐居其下的金步甲全部抓来，不论性别，当时从外部特征上看很难区分出雌雄。后来我才发现雌性的体形要略微胖些。罐子里金步甲的性别比例之所以如此失调，完全是出于偶然。我相信，在自然条件下，雄性的比例不会这么高。何况在同一块石头底下也不会有这么多金步甲。金步甲喜欢离群索居，很少有人会发现两只或三只金步甲同时躲在一块石头下面。像我罐子里这么拥挤的情况很少见，好在尚未引起什么混乱。玻璃罐里很宽敞，足够住民到远处散步或者进行日常活动。谁想独自待着就找个安静的角落，谁想找个伴也不用四处搜寻。

　　金步甲的生活并没有因为圈养而变得枯燥乏味，频繁吃大餐和反复交欢就能作为佐证。野生条件下也不过如此，甚至还有所不如——因为食物没有现在丰富。这些囚犯完全处于正常的生活状态下，可以继续保持它们原有的习惯。

　　确实，在罐子里，金步甲碰面的机会要比野外多得多，这为雌金步甲从背后进攻完成交尾的雄伴并把它们开膛破肚提供了更多的机会。在有限的空间里，雌金步甲更倾向于杀死自己曾经的伴侣；不过，这绝不是它们的新花样，而是由来已久的习惯。

　　交配季一旦过去，雌金步甲就会把在野外遇到的所有雄金步甲当成猎物，吞掉雄金步甲意味着婚姻结束。我曾翻开过不知多少块石头，但还是无缘见证这样的奇观，然而，罐子里发生的一切足以让我相信同类相残的现象在自然界中也存在。甲虫世界为什么如此残忍？新娘一旦受孕立马把和自己交配的雄伴吞进肚里！在甲虫类的婚俗里，雄性的待遇如此凄惨！

交配后残杀雄性的现象是昆虫世界里普遍存在的婚俗吗？到目前为止，我只能举出三个这样的例子：合掌螳螂、金步甲和朗格多克蝎。蝗虫家族[①] 也有类似的情况，不过没有那么残忍——雄性在死后才会被吃掉。白面螽斯和绿螽斯都喜欢啃食雄伴的尸体。

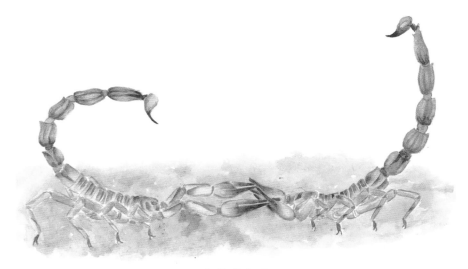

朗格多克蝎

从某种意义上讲，这种婚俗或许可以用昆虫的饮食习惯来解释：螽斯类本来就是肉食性昆虫，一旦遇上死去的同伴，雌虫会习惯性地吃下去，不管死者是不是自己曾经的爱侣。

可是我们又将如何解释食草类昆虫的暴行呢？繁殖季来临时，雌性距螽在产卵前会残忍地杀死还喘气的丈夫，取出它的内脏，大吃特吃，直到肚满肠圆。

---

① 按照目前的昆虫学分类，蝗虫类不包括螽斯。

就连讨人喜欢的雌蟋蟀在交配后也会性情大变：它会向刚刚还在为它深情演奏小夜曲的求爱者发动攻击，撕烂求爱者的翅膀，弄坏求爱者的乐器，甚至噬咬演奏家身上的肉。唉，也许交配季结束后雌性对雄性的深恶痛绝在昆虫世界里是极其普遍的现象，尤其是肉食性昆虫。这种恶习到底是如何形成的？等条件允许的时候，我一定会给这个问题找到答案。

天生好父亲粪金龟

　　动物世界里，父亲不一定非要履行哺育后代的义务；但高等动物除外——鸟类在这方面做得很出色，毛皮动物也以履行父亲的义务为荣。在低等动物中，父亲通常会漠视家庭的责任，在这方面例外的昆虫是极少数。虽然所有的昆虫对交配都充满激情，然而，一旦欲望得到满足，绝大多数昆虫就会割裂与家庭的联系，对自己的后代不闻不问，刚出生的幼虫不得不尽最大努力自谋生路。

　　在高等动物中，年幼的动物常常需要较长时间的庇护，冷漠的父亲遭人厌恶；但在昆虫世界里，只要环境适宜，刚出生的幼虫不需任何帮助就能自给自足。新生幼虫的强健、能干为父亲不履行义务提供了绝好的借口。菜粉蝶维持种族延续的所有作为在于，将它们的卵产在卷心菜的叶子上。这关父亲什么事呢？母亲自有寻找植物的本能，不需要别人帮忙，甚至在产卵的时候，父亲就已经碍手碍脚了。不如让它去别处调情，生育宝宝可是件严肃的事情。

　　绝大多数昆虫的成长不需要教育，即便有，也相当简略。它们只需要选一处幼虫一出生就能有吃有喝的场所，或者其他一些能让幼虫维持生计的地方。在这些情况下无须父亲帮忙。完成交配后，雄性就成了没用的废物，被丢在一旁苟延残喘，几日后便会死去，不会对哺育后代承担任何责任。

不过，并非所有昆虫都这样无情无义。有些种类的昆虫会为后代提前准备好食物和住所，尤其是膜翅目昆虫，它们在制造地窖和瓶瓶罐罐为孩子们储备蜜膏方面可谓行家里手——它们修建粮仓的水平真是完美极了。

这建造房屋、储存粮食的浩大工程几乎耗尽了膜翅目昆虫一生的精力。然而，这一切完全由母亲来完成；父亲只会慵懒地躺在洞穴入口晒太阳，观看英勇无畏的妻子忙忙碌碌，它还时不时地骚扰左邻右舍，就是懒得动手帮哪怕一丁点儿忙。

父亲真的一点儿忙都不帮吗？为什么不学学燕子呢，燕子夫妇总是一起衔来草和泥建筑巢穴，并为年幼的宝宝带来美味的食物。啊，是的，前面那个昆虫父亲什么都不做，也许它觉得自己身子太弱没法干活儿呢。这真是个糟糕的借口：裁下一片圆圆的叶子，从柔软的植物上刮下一些茸毛，或者从泥地里扫来一小块泥，这些难道都做不了吗？至少，它可以打打下手，把更精明强干的母亲要摆放的材料收集起来啊。看来，它懒惰的真正原因是不动脑子啊。

膜翅目昆虫是建筑水平最高的昆虫，可惜雄性完全不履行家庭的责任，这一点很奇怪——父亲本应帮助幼小的孩子传承卓越的才能，但事实上，它们和不需要置备房产的蝴蝶一样游手好闲。雌雄本能的分工完全搅乱了我们根据正常思路做出的预测。

令人意想不到的是，我们竟能在食粪甲虫身上发现蜂类家族所缺少的高贵品质。在某些种类的粪金龟中，夫妇俩深知共同付出的意义，它们会联手建造巢穴，地洞金龟就是一个典型的例子。身体强壮的父亲会帮助配偶制作营养丰富的粪球，那是它们留给后代的宝贵财富。在冷漠的昆虫世界里，如此有家庭观念的父亲真是太难得了。

在发现这个独特的例子之后，按照寻找相近物种的思路，我又找到了另外三种有趣的昆虫，它们都是粪金龟家族的成员，以后我会描述它们的习性。不过，鉴于它们的故事与埃及圣甲虫、西班牙粪金龟以及其他一些昆虫差不多，我会讲得简单一些。

第一个例子是西西弗斯甲虫（学名赛西蜣螂），它是粪球制造者中体形最小、最勤劳的一种。它身手敏捷，会翻各种奇异的筋斗，能突然从无路可走的斜坡上冲下来，还能凭着一股蛮劲翻过难以逾越的障碍。法国博物学家拉特雷耶（1762—1833）把这种体操技艺惊人的昆虫命名为"西西弗斯"。西西弗斯是冥界的著名人物，这位不幸的勇士永远在努力把一块巨石推向山顶。巨石每每在接近山顶时就会脱手滑落到山底，可怜的西西弗斯不得不一次又一次地重复向上推。除非巨石能稳稳地立在山顶，否则西西弗斯的痛苦就永远不会终止。

我很喜欢这个神话。从西西弗斯的悲惨遭遇中，很多人都能看到

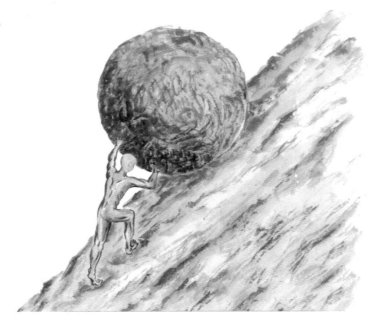

勇士西西弗斯

自己的影子。这些人遭受永无止境的折磨并不是因为令人生厌，事实上，他们也是值得尊敬的劳动者，对邻居非常友善，他们唯一的罪恶就是贫穷。半个多世纪以前，我自己在荒凉的山崖上踩出血迹斑斑的脚印；我挥汗如雨，耗尽全部力气，不计后果地向上爬，就是为了把千钧重担——每天食用的面包搬到山顶上一个安全的地方；面包摇摇晃晃，一次又一次地滑下去，跌入山谷。再来一次吧，可怜的西西弗斯，直到那沉重的石头最后一次摔下，砸碎你的脑袋，你才能获得永久的安息。

不过，被博物学家冠名为西西弗斯的昆虫却对这些苦难一无所知。它们身手敏捷、精力充沛，推着货物翻越一座座山和悬崖。货物有时是它们自己的食物，有时是留给后代的遗产。但在这一带，西西弗斯甲虫非常少见，幸而有一位助手帮忙，否则我根本得不到足够数量的实验样本。借此机会刚好可以介绍一下我的得力助手，在后面的叙述中，我还会再次提到他。

他就是我的儿子，七岁的小保罗。捉虫子时，他总是殷勤地陪伴在我的左右，他比同龄人更了解蝉、蟋蟀以及他的最爱——粪金龟的秘密。在二十步之外，小保罗明亮的眼睛就能分辨出是甲虫洞口的地标还是偶然堆积在一起的土块，他敏锐的耳朵能听到我压根听不见的虫鸣。他是我的耳目，而我，也将自己的想法毫无保留地告诉他。他聚精会神地听着，大大的蓝眼睛充满好奇地看着我。

处在智慧启蒙阶段是多么令人欣羡！求知欲苏醒、渴望了解各类知识的年龄是人生中最美好的时光。小保罗有自己的小笼子，里面养着会滚粪球的圣甲虫；有自己的花园，只有手帕大小，里面种着几株扁豆，小保罗经常会挖开泥土，看看那细细的根是不是又长长了些；还有自己的林场，里面长着四株几厘米高的橡树，上面还挂着橡子。这些都是他学习完枯燥语法之后的调剂，这样他就不会对语法学习那么抵触了。

如果科学教育能够充分考虑儿童的心理特点，如果课堂能够把呆板的书本知识和生动的野外实践结合起来，如果官僚们热衷的教学大纲不会扼杀求知的渴望，那该有多好！看起来孩童们更喜欢接受博物学教育，让小保罗和我一起在遍布迷迭香丛和野草莓树的田野里尽情地学习吧！在野外，身体和心灵都会得到滋养，我们会发现学校课本里所缺少的真和美。

今天黑板不用工作，学校放假了。为了远行，我们起了个大早，连饭都没顾上吃就出发了。不过没关系，感觉饿的时候，我们会找个树荫歇脚，而且我的背包里还有旅行干粮——苹果和一片硬面包。五月临近，又到了西西弗斯甲虫开始活动的时候。我们必须在山脚下那片仅有的牧场上沿着牧羊人的脚印寻找；我们必须用手指掰开被太阳晒干的羊粪，羊粪里面还是湿漉漉的。我们想在羊粪里找到西西弗斯甲虫，它们会蜷缩在那里，等待傍晚放牧带来的新收获。

圣甲虫

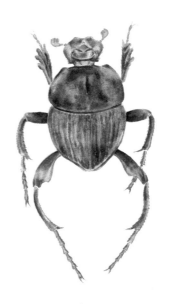

西西弗斯甲虫

201

有了之前我偶然发现的这个秘密，小保罗很快成长为捕捉粪金龟的行家里手。他对捉虫工作充满了热忱，并且独具慧眼，能识别出它们可能的藏身之处。时间不长，我已经俘获了六对西西弗斯甲虫，这个数字大大超过了我的预期，我从没指望自己能拥有这么多粪金龟。

用金属丝网作罩子，底下铺上沙子和它们喜欢的食物，就足以养活这些粪金龟了。西西弗斯甲虫体形很小，几乎只有樱桃核那么大；外形长得很奇特——身躯粗短，尾部逐渐变细，呈橡子状；足很长，伸开来就像蜘蛛一样；后足长得不成比例，还弯弯曲曲的，非常适合搂抱和压紧小粪球。

五月初正是交配的季节，西西弗斯甲虫就在泥土表面那些吃剩的羊粪碎屑上交尾。置办家业的时候到了，夫妇俩怀着同样的热情，为后代揉搓、搬运和烘烤食物。它们用锉刀一样的前爪割下笼子里的一块羊粪，弄成大小合适的碎块。夫妇俩齐心协力，不停地用爪子拍打、压实这个碎块，直到把它变成豌豆大小的粪球。

另一种粪金龟——圣甲虫不需要摇动球状物的机械装置就能把粪球塑成完美的球形。在粪球被移动之前，甚至在粪球被切下来之前，圣甲虫就已经把它搓成了球形。这种甲虫真是个几何学家，知道什么样的形状最适合长期保存食物。

很快，粪球就准备好了。现在，必须通过使劲滚才能让它形成一层保护内部不至于干得太快的外壳。身材稍胖的母亲骄傲地走在前面，它用长长的后爪踩地，前爪按在粪球上，一边倒退一边向后拖粪球。而父亲则在后面头朝下使劲推。这种滚粪球的方式和圣甲虫一模一样，圣甲虫也是夫妇俩一起工作，只是滚粪球的目的不同——西西弗斯甲虫滚粪球是为了给后代准备食物，而个头较大的圣甲虫却是在和偶然相遇的伴侣一起准备将要在地下宴会上享用的食物。

西西弗斯甲虫夫妇推着粪球出发了，它们沿着坑坑洼洼的路面漫无目的地往前走。倒着拉粪球的母亲看不见路，不过，即便看到前方有障碍，它也不会尝试绕开。有一次，我竟然看到它固执地搂着粪球往金属丝网罩上爬。

夫妻协力运粪球

这种努力简直是徒劳！母亲用后爪紧紧钩住金属丝网罩的网眼，同时尽力将粪球拉向自己，随后干脆把粪球搂在怀里。粪球悬在半空，父亲脚下没有支撑物，只得抓着粪球往上爬，最后不顾一切地把整个身子都压到了粪球上面。母亲终于支撑不住，粪球和父亲一起滚了下去。尚在金属丝网上的母亲颇为惊讶，它呆愣了一会儿也马上跑下来，再次抱住粪球，重新开始徒劳的努力。爬上去，摔下来，再爬上去，再摔下来……尝试不知多少次之后，它们终于选择了放弃。

即使在平地上，推粪球的过程也不是一帆风顺。粪球会在卵石和碎石块顶上突然转向，夫妇俩被掀翻在地，肚皮朝天，六只脚在空中乱踢。这算不了什么。很快，它们就会爬起来，各就各位，精神抖擞地继续往前推。西西弗斯甲虫对摔个仰面朝天这类事故早已习以为常，在外人看来，还以为它们是有意为之。粪球越滚越结实，越滚越硬，看起来跌落、撞击、颠簸、摇晃或许都是不可逾越的程序。就这样，不顾一切推粪球的过程会持续好几个小时。

终于，母亲认为制作粪球的工作圆满结束，是时候找个好地方把粪球存起来了。这时，父亲会伏在粪球上等候。若是赶上母亲长期外出不归，父亲会自娱自乐地用后爪把粪球举到半空中快速旋转，以前的负担成了现在杂耍的玩具，它要用弯弯的、卡钳一样的爪子验证这个劳动成果是多么完美！看到甲虫父亲满心欢喜的样子，谁会怀疑它正沉浸在对家庭未来的美好憧憬之中呢？它仿佛在说，面包是我造出来的，瞧它多么圆啊，是我滚出的硬壳把软面团包在了里面，这是我亲手为孩子们焙制的面包！甲虫父亲把粪球高高举起，希望全世界都能看到它的伟大劳动成果。

现在，母亲已经找好了地方，接下来得挖一个浅浅的坑作为将来巢穴的奠基。夫妇俩一推一拉把粪球弄到坑旁边，母亲用爪子和头使劲挖坑，父亲则在一旁警惕地守着粪球。很快，坑的深度就足够把粪球容进去了。在母亲决定继续向下挖之前，它必须和这个神圣的宝物亲密接触。它让粪球在自己的背上上下跳动，以便感知有没有寄生虫或者盗贼沾染粪球！母亲担心还没等巢穴完工，放在坑旁边的宝物就已遭恶人毒手。这附近不乏想把粪球据为己有的摇蚊和蜉金龟亚科昆虫，小心谨慎是为了防患未然。

接着，夫妇俩将粪球推入坑里，粪球一半在坑形成的洞里，一半在洞外。母亲在下面拖粪球；父亲在上面稳住粪球，不让它乱滚。一切进展顺利，挖掘工作继续进行，粪球渐渐下降。夫妇俩在操作时一直保持谨慎小心，一个拖粪球，另一个要保证粪球稳步下降，并清理可能阻碍它下降的所有废弃物。不一会儿，粪球和两位挖掘工就一起消失在地下了。接下来发生的情况，至少在一段时间内会是我们刚才看到的工作的重复。好了，让我们等上半天左右吧。

如果保持耐心，继续观察，就会看到甲虫父亲独自爬上地面，在洞口旁边的沙土里蜷缩着。而母亲仍然在地下忙碌，这个阶段父亲几乎帮不上忙。一般来说，母亲得忙到第二天才能爬上来。当母亲终于爬出地面的时候，正在藏身之处打瞌睡的父亲就会爬出来，和妻子会合。重逢的夫妇会再次奔赴牧场，饱餐一顿之后，再挖另一个粪球。和之前一样，它们在开采、塑形和运输过程中齐心协力，最后把新粪球稳妥地安置在地窖里。

西西弗斯甲虫对爱情忠贞不贰，令人欣羡。不过，这是普遍现象吗？我不敢完全确定。一定会有那么几个花花公子在运送大块粪饼的过程中趁乱抛弃自己一路相伴的妻子，转而投奔偶然相遇的第三者。相信短暂的婚姻也是存在的，比如夫妻俩在埋好一个粪球之后就分道扬镳。不过，没关系，我观察到的这点儿事情就已经足以让我对西西弗斯甲虫的家庭责任感充满敬意了。

在研究地窖里藏着什么宝贝之前，让我们先回顾一下西西弗斯甲虫的家庭生活吧。从切下一块粪便到塑成小球，父亲都在和母亲一起并肩作战，这可是它们为后代准备的粮食；在运输过程中，父亲虽然退居第二位，但也积极参与；当母亲外出寻找挖掘地窖的合适地点时，父亲一直在照看它们的劳动成果；父亲还参与挖掘工作，将洞穴中的废弃物移走。当然，父亲最难能可贵的品质是对妻子非常忠诚。

圣甲虫家族也有类似的品质。圣甲虫父亲会帮助配偶准备粪球，还会和它一起搬运——夫妇俩面对面，倒退着走的是母亲。不过，之前我曾提到，这种互助行为是自私的——合作者完全是在为自己准备食物。在为家庭劳动的时候，父亲却懒得帮忙。母亲得自己搓粪球，它将粪球从大块粪堆里移出来，用背压在上面来回滚，这也是雄性西西弗斯甲虫采用的姿势。圣甲虫母亲还得自己挖洞，将劳动果实藏在里面。然而，父亲既不会照顾怀孕的妻子，也不会关心未来的宝宝，繁重的家庭负担都由母亲一个人承担。和个头较小的西西弗斯甲虫相比，差异何其巨大啊！

现在，让我们来看看西西弗斯甲虫的地窖吧。在不太深的地下，有一个狭窄的小房间，窄得只够母亲独自工作，因此父亲不能长期留在地下——只要小房间完工，它就得爬出地面，把仅有的空间让给母亲。正如我们所看到的，父亲爬到地面上的时间也确实远远早于母亲。

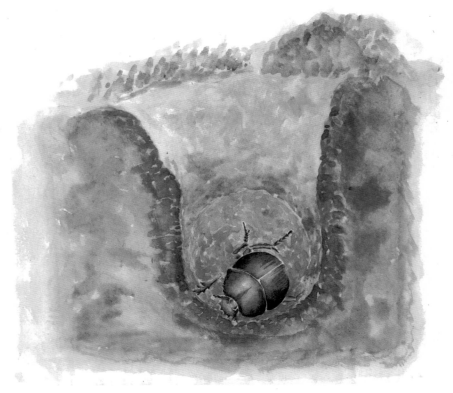

西西弗斯甲虫的地窖

地窖里只有一个粪球，这是夫妇俩的伟大作品！和圣甲虫的梨状作品相比，这简直就是一个微缩仿制品。仿制品小巧玲珑，表面更加光滑，曲线也更加柔和，最大直径从十二毫米到十九毫米不等。西西弗斯甲虫的作品在粪金龟中算得上是上品。

不过，粪球保持完美状态的时间并不长。很快，小"梨"就被一节一节的黑色小瘤覆盖，像长了很多树瘤一样，粪球变得丑陋不堪。本来还有一部分完好的表面，但被一团不成形的东西盖住了。起初，这种节状瘤的来路让我完全摸不着头脑。从黑黑的色泽、多节的形态和在硬壳内生长来判断，我猜也许是某种隐花植物，比如球草。当看到幼虫出现时，我才知道自己的猜想完全是错误的。

西西弗斯甲虫的幼虫弯曲如钩，背上长着一块很大的凸起，形如肉峰，那是消化道的一部分。肉峰里藏着排泄物，一旦房顶上意外出现孔洞，幼虫就会立刻喷射出泥一样的排泄物将其补好。其实，圣甲虫的幼虫也能突然喷射出像蚯蚓粪一样的填充物，只是它们很少使用这一招。

各种粪金龟的幼虫都能把食物残渣当灰泥涂抹自己的房子。在居室空间较大的情况下可以采取这种方式处理废物，而不必为了排便打开临时的窗户。或者因为空间不够大，或者因为其他我不知道的原因，西西弗斯甲虫的幼虫在使用一部分消化废物抹墙之后，将剩下的部分丢出了地窖。

当内部居民开始长大的时候，让我们仔细观察其中一只"梨"吧。或早或晚，我们会看到"梨"表面上某个地方出现了一个潮湿的点，外壳随之变软，变薄；接着，在这软软的外壳上，忽然升起一个暗绿色的小芽；随后小芽塌陷下去，变成扭曲盘绕的一堆。一个瘤形成了，等它干燥之后，就会变成黑色。

接下来会发生什么事呢？幼虫在"小梨"内壁上打开了一个临时缺口，不过这小窗仍然蒙着一层薄薄的窗户纸，幼虫可以通过小窗将多余的粪便丢出去。在房顶开个小口不会危及里面的幼虫，因为小口很快就会被喷射的废物堵得严严实实，底部好像被泥瓦匠的泥刀压过。塞子很快就能把漏洞堵上，因而尽管幼虫经常在"梨"皮上开洞，但里面的食物仍能保持湿润，不必担心外部干燥的空气流进去。

　　西西弗斯甲虫似乎知道，三伏天的炎热会危及那些又小离地面又近的"梨"。它们未雨绸缪，在阳光和煦的四月和五月就开始劳作，等七月中上旬可怕的三伏天到来的时候，所有家庭成员已经破洞而出，去寻找能为它们提供食物和住所的避暑胜地——粪堆；随后是舒适但很短暂的秋季；到了冬天，它们会隐居地下，直到来年春暖花开的时候才会出洞。这个周期结束的时候就是它们围着造好的粪球欢庆的时候。

　　最后，我还要就西西弗斯甲虫的繁殖能力说上几句。被关押在金属丝网罩下的六对甲虫夫妇一共造了五十七个可供居住的粪球，平均每对夫妇九至十个，这个数字是圣甲虫无法企及的。为什么西西弗斯甲虫有如此强大的生育能力？在我看来，原因只有一个——父亲和母亲对家庭尽职尽责。一个人持家负担太重，两个人分担困难减半。

　　…………

第四节

松树鳃角金龟

这种昆虫的拉丁学名叫缩绒工鳃角金龟。我心里很清楚，这并不意味着在术语命名上存在困难：随便模拟某种声音，再附上一个拉丁文后缀，谁都能造出一个发音悦耳的词汇，和昆虫学家贴在标本盒上的标签大差不离。如果这个粗陋的名词仅用于代表某种昆虫倒还情有可原，但初学者总希望从希腊文名字或者其他语言的词缀中找到某些特殊意义，以便对术语所代表的对象有所了解。

这种希望是徒劳的。术语的含义常常让人难以捉摸，但是这一点并没有引起人们的注意。学生们被弄得一头雾水，常常在脑海里形成与观察结果毫无关联的印象，甚至由此造成不可容忍的理解错误。有时候，术语隐含的意思离奇，荒诞，简直不可理解。似乎只要发音好听，从语源上分析不出任何意义也在所不惜！比如"缩绒工"就属于一下子在脑海里形不成印象的词汇。这个拉丁词指的是，为增加布料的光滑度和弹性在水中反复揉搓布料的操作工。本节所讲的昆虫和缩绒工有什么关系？我绞尽脑汁也想不出满意的解释。

古罗马作家普林尼（公元 23—79）的著作里曾提到一种用"缩绒工"命名的昆虫。在某一章里，这位著名的博物学家谈到治疗黄疸、发热和水肿的药方。古老的药典里真是无奇不有：黑狗的长牙、粉布

209

包裹的老鼠鼻子、存在羊皮袋里从活的绿蜥蜴身上取下来的右眼、左手割的蛇心、紧紧捆扎在黑布里的蝎尾（包含四个关节，还带着毒刺，因而在三天之内，既不能让病人看到药物，也不能让他看见用药的人）……书里稀奇古怪的方子很多，为了不被这些荒诞的古老药方迷惑，让我们把书合上吧。

"缩绒工"一词的出处就混杂于这些荒谬绝伦的古方中。原文是这样写的："治疗发热的方法是，将缩绒工甲虫一分为二，一半置于左臂下，另一半置于右臂下。"

古代博物学家为什么要将这种昆虫命名为"缩绒工甲虫"呢？我们无从知道。用"白斑"这个词倒是与松树鳃角金龟的身体特征匹配，但也不足以服人。普林尼自己似乎不太确定这种治疗发热的方法是否总能奏效，在他那个时代，人类还不懂得要去观察昆虫世界。昆虫太不起眼，只有孩子们感兴趣，他们会把捉来的虫子拴在长线的一端悠着玩，矜持的成年人才不会把这些小虫子放在眼里呢。

乡下人观察不仔细，还喜欢起一些稀奇古怪的名字，"缩绒工甲虫"大概最早就是从乡间流行开的，普林尼只是沿用了乡下人的习称而已。这个古怪的名字或许来自乡野少年的想象，反正普林尼没有经过考证就这么用了。当代博物学家也没有排斥这个源远流长的名字，于是我们最帅气的昆虫就成了"缩绒工"，这不过是沿袭传统的说法罢了。

虽然我也是个遵从传统的人，但我仍然没有办法接受"缩绒工"这个名字，因为用它表示这种甲虫实在太荒唐，给昆虫命名怎么能置常识于不顾呢？这种昆虫要在地面上度过两到三周时间，松树是它最理想的居所，为什么不称它"松树鳃角金龟"呢？这是多么简单、合理的理由啊。

只有在黑暗中长期摸索的人才能发现真理的曙光，所有科学门类都不例外，尤其是算术。不信你可以试着用一串罗马数字做加减法，很快你就会被这些混乱的符号弄得晕头转向，不得不放弃。在计算中，你会发现零的发明具有多么重要的意义——就像哥伦布竖鸡蛋一样，虽然办法很简单，但在场的人都没有想到。

但愿未来人们会淡忘"缩绒工"这个奇怪的名字，现在让我们暂且称它为"松树鳃角金龟"吧。这个名字不会使人产生错误的联想，只会联想到它与松树有关。

这种甲虫仪表堂堂，可与犀角金龟相媲美。它虽然没有圣甲虫、吉丁虫和玫瑰花甲虫那样金光闪闪的外衣，但也有不俗的衣装。黑色或栗色的底上，密密麻麻地绣着各种形状的白丝绒碎花，看起来既帅气，又稳重。

雄性短触角的上端有七片相互交叠的宽大叶片，像扇子上的折页一样可以打开和合拢，是开是合取决于甲虫当时的心境。乍一看，还

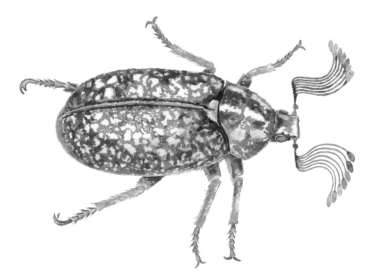

雄性松树鳃角金龟

211

以为雄性的感觉器官一定很发达，能嗅到极细微的气味，能听到人耳听不到的声音，能感知其他人类感觉器官无法感知的现象；不过，雌性甲虫提醒我们不要妄下断语，因为母亲的职责要求它必须具备和父亲一样敏感的感官，但它的触角却很可怜，只有六个窄窄的叶片。

雄性为什么要长着那么华美的扇形触角呢？和大孔雀蛾头上颤巍巍的羽状触角、嗡蜣螂头上的盔甲、锹形甲虫大颚上的枝杈一样，这些都是雄性为求偶而准备的妆饰。

美丽的松树鳃角金龟要到夏至时才露面，和第一拨蝉几乎同时，它们总是来得非常准时，完全可以作为昆虫日历的标准之一——昆虫日历的精度不见得低于季节年历。当一年中白昼最长的日子（即夏至）到来时，太阳迟迟不肯落下，把沉甸甸的麦穗染成金黄，这时松树鳃角金龟急急忙忙爬到树上。即便是每年为了纪念太阳节在街里燃起圣约翰之火的孩子们也不见得比这些昆虫守时。

在夏天的黄昏，只要天气晴好，每天晚上松树鳃角金龟都会光顾我家院子里的松树。我时时刻刻都在关注它们的变化。静默无声的飞行怎能掩盖内心的躁动，尤其是雄性，它们大张着触角上的叶片，飞了一圈又一圈。当最后一抹阳光渐渐隐去的时候，在暗蓝色的天空下面，总有一队飞来飞去的松树鳃角金龟。它们偶尔会歇歇脚，然后再次起飞，继续围着松树转圈。就这样，它们坚持了十四个晚上。飞来飞去到底是为了什么呢？

答案很明显：它们是在向雌伴求婚。雄性一遍又一遍地向心上人示爱，直到夜幕完全降临。到了早上，雄甲虫和雌甲虫都趴在低低的枝杈上，自顾自地待着，一动不动，对周围的一切漠不关心。即使伸手去捉它们，它们也不会飞走。大多数甲虫用后足吊在树上，嘴里细细咀嚼着松针，看上去像在衔着松针打瞌睡。不过黄昏一到，它们就会开始下一轮狂欢。

在松树上打瞌睡的雌雄松树鳃角金龟

要看清这些小家伙在树顶上的活动几乎不可能，还是捉几只养在笼子里来观察吧。我捉了四对，放到足够宽敞的笼子里，还在笼子下面铺了一些松枝。可惜观察到的情况非常有限——由于无法飞行，这些甲虫的表现远不如在野外时活跃。我只注意到一只雄甲虫多次靠近心仪的异性，它展开触角上的叶片，轻轻地摇动着，好像在试探对方有没有对自己动心。它卖力地摆出最迷人的姿势，展示出自己最具魅力的一面，然而，所有努力都是徒劳——雌甲虫一动不动，看似对它的表演无动于衷，也许囚禁生活会压抑欲望。这些就是我能观察到的全部情况了。看起来交配是在深夜进行的，我错过了最好的观察时机。

有一个特殊细节引起了我的注意：松树鳃角金龟的叫声很悦耳，

213

而且雌性的歌唱天赋丝毫不亚于雄性。悦耳的叫声会不会是求爱者吸引异性的手段呢？雌性会不会用同样的虫鸣答复呢？按照常理似乎应该如此，尤其在它们自在游荡于松林之间时。但我不敢完全肯定，因为无论是在松林里还是在实验室中，我都未曾听到雌雄对唱恋歌。

叫声是腹部末几节轻轻抬升，下降，摩擦保持静止的鞘翅后缘产生的。不过，这两个相互摩擦的部位上并没有什么特别的结构。我用放大镜找过来找过去，也没发现常见于昆虫发声器官上的细小条纹。两个摩擦面如此光滑，声音到底是怎么产生的呢？

用蘸水的手指从玻璃片或者窗玻璃上划过时，你会听到响亮的声音，这种声音很像松树鳃角金龟发出的声音。当然，更好的办法是用一块橡皮在玻璃上摩擦，这样得到的声音与松树鳃角金龟的更相像。要是能在节拍上保持一致，那么利用模拟的声音就能以假乱真了。

我们的手指或橡皮相当于松树鳃角金龟柔软的腹部，玻璃片相当于鞘翅的边缘——薄薄的鞘翅有足够的刚度，很容易发生振动。原来松树鳃角金龟的发声机制就这么简单。

············

第七章

种子里的寄生虫

象甲科（Curculionidae）是鞘翅目昆虫中最大的一科，俗称象鼻虫。这类昆虫大多长相怪异，顶着一根长长的"鼻子"，好比昆虫世界里的大象。不过，千万不要把这当成真的"鼻子"，这可是象鼻虫的口器，雌虫就靠这根长长的口器在植物上钻出深深的小孔，把卵藏在最里面。文中以橡果为食的橡果象就是现在我们所说的栗实象甲，此外还有多种以植物根茎为食的象鼻虫，它们主要危害花果树木，被定性为林业害虫。

而豌豆象和菜豆象，虽然也有个"象"字，却没有长长的"鼻子"。事实上，从现行生物学分类看，它们也并非象鼻虫，而归属鞘翅目豆象科（Bruchidae）。橡果象、豌豆象、菜豆象的共通之处是都寄生在植物种子里，不过和象鼻虫相比，豆象科幼虫的生活更加艰辛——豆象科昆虫把卵产在豆荚内或者豆荚上，幼虫孵出后，就得自己四处爬行，寻找合适的"粮仓"，在里面化蛹，发育成成虫。豌豆象和菜豆象的寄居地不仅限于豌豆和菜豆，大多数豆科植物都是它们的乐园。和象鼻虫一样，豆象也被定性为重要的农业害虫。

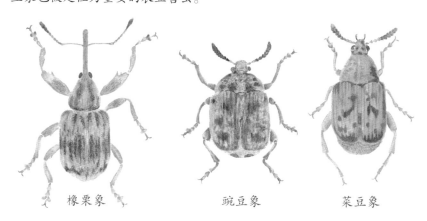

橡果象　　　　　　豌豆象　　　　　　菜豆象

橡栗象

　　有些机器构造奇特，在不开机的时候，根本看不出任何门道。一旦机器运转起来，嵌齿轮相互咬合，连杆不停摆动，看似笨拙的机械装置马上就能把所有零件都调动起来，巧妙地完成既定功能。有些昆虫也是如此，比如某些类别的象鼻虫，特别是橡栗象。从橡栗象这个名字可以看出，它们有采摘橡子、栗子和其他类似的坚果的习性。

　　在我居住的地方，最引人注目的象鼻虫就是橡栗象。这个名字起得好！一提起橡栗象，头脑里马上会出现它的样子。这种昆虫长着和大象类似的长鼻子，但显得很笨拙。直挺挺的长鼻子跟马毛一般粗细，颜色微红。为了不被自己的长鼻子绊倒，橡栗象不得不绷紧鼻子，就跟举着个长矛一样。这么尴尬的长矛，或者直接说，这么滑稽的鼻子，到底有什么用呢？

　　写到这儿，我仿佛看到有些读者耸了耸肩。没错，如果生命的目的就是千方百计地聚敛钱财，那提出这样的问题确实显得太可笑！

　　庆幸的是，毕竟还有一

举着"长矛"的橡栗象

些人对大千世界的任何精微之处都不放过：他们知道，思想上的收获源于对各种小事的细心观察，这些不起眼的东西和小麦做成的面包一样重要；他们还知道，研究问题的人和提出问题的人都在用点滴积累惠及整个世界。

利欲熏心的世界真是可悲！不说也罢，让我们接着谈之前的问题。我虽然没有亲眼见到橡栗象使用自己的长鼻子，但猜测长鼻子的功能或许类似于我们钻硬物用的钻头。上下颚就像金刚钻的两个尖，构成了钻头坚实的底架。和菊花象一样，象甲科昆虫会在环境条件不太好的时候用这个特殊工具来安置卵。

我们的猜测虽然很有道理，但也需要实证。只有在象甲科昆虫使用长鼻子的时候进行观察，才能最终揭开谜底。

机遇青睐那些耐心等待它的人。十月上旬，我终于有幸目睹了橡栗象用鼻子工作的场景。这让我格外惊喜，因为十月份已经很晚了，按照常理，所有露天工作都该结束——冬天的寒意已经开始显现，昆虫活动的季节快结束了。

而且这一天天气极其恶劣，朔风呼啸，寒冷至极，把我的嘴唇都冻裂了。在这样的天气出去观察灌木丛是需要很大勇气的。如果像我期盼的那样，长鼻子橡栗象还在采摘橡子，那时间已经非常紧迫了，我必须抓紧才有可能看到它用长鼻子工作的场景。绿油油的橡子还没有变色，不过已经长得很饱满了。两三个星期之后，橡子就会完全成熟，变成栗棕色，然后很快掉落。

本以为在做无用功的尝试竟然取得了成功。在常绿橡树上，我惊喜地看到一只橡栗象将长鼻子插进橡子里。干冷的北风使劲摇晃着树枝，我没办法看得更仔细，于是把树枝折断，轻轻地放到地上。橡栗象没觉察到自己被动了地方，它还在埋头工作。我躲在一处背风的低矮灌木后面，蹲下来仔细观察橡栗象的动向。

橡栗象的脚上好像穿了一双底面黏糊糊的鞋，能让它稳稳地扒在又陡又滑的橡子上，这是后来我把它养在实验室里，发现它能快速爬上几乎竖直的玻璃壁后才知道的。看样子橡栗象是在钻孔，它以插入橡子的长鼻子为轴缓慢而笨拙地绕圈，先朝一个方向绕半圈，然后朝反方向再绕半圈。它一遍又一遍地重复此动作。其实，这个动作和我们用锥钻在木板上打眼差不多。

长鼻子一点儿一点儿地没入橡子，一小时后就找不见了。停了一会儿，橡栗象又把工具拔了出来。接下来会发生什么呢？什么都没发生。橡栗象放弃努力，悲壮地离去，很快就消失在一片枯黄的树叶中。这就是今天我能观察到的全部情况了。

这次偶遇激发了我的观察热情。在适于进行观察的晴好天气，我一次次回到小树林，很快就为我的实验室添置了足够多的象鼻虫。这种昆虫干活儿的速度极慢，想必观察起来很费时间。我宁愿在室内研究它们——只有在自己家里，才能想有多少空闲就有多少空闲。

幸好我这么做了，要是我继续在树林里观察自由状态的橡栗象，就算运气再好，也不可能有耐心从头至尾观察到橡栗象如何挑选橡子、如何钻眼以及如何产卵。这种昆虫把所有事情都安排得如此缜密，很快大家就能从后面的内容中有所了解。

橡栗象经常光顾的小灌木丛里生长着三种橡树，分别是常绿橡树、短柔毛橡树和胭脂虫栎。只要樵夫手下留情，前两种树都能长得很好，但是第三种树——胭脂虫栎充其量只能长成矮小的灌木。常绿橡树在三种树中最为常见，也最为橡栗象所喜爱。其果实又硬又长，中等大小，壳斗表面几乎没有赘物。短柔毛橡树的果实总像没长熟似的，又小又皱，还有很多凹痕，通常还没等长熟就已经落地了。塞里尼昂丘陵地带气候干旱，不利于短柔毛橡树生长。在有更好选择的时候，橡栗象才不会屈居于此呢。

胭脂虫栎是一种低矮的橡树。说它是树还真有点儿牵强，因为成人轻松一跨就可以越过去。令我惊讶的是，这种树上的果实又多又大，鼓胀成卵形，壳斗上还覆盖着很多鳞片。所有这些特点使胭脂虫栎当之无愧成为橡栗象的首选，其果实不但能给它们提供安全、牢固的居所，还是大容量的食品仓库。

从三种树上各取下几根挂满橡子的嫩枝，置于事先准备好的几只金属丝网罩下。为了保鲜，我把嫩枝的一端浸入一杯水里，然后在笼子中放养几对橡栗象。我把笼子安放在书房的窗户上，这样，在一天的大部分时间里，笼子都能受到阳光的直射。剩下的事情就是耐下心来静观其变了。我们的努力一定会有收获，橡栗象用长鼻子开凿橡子的过程值得期待。

等待并不漫长。就在上述准备工作完成两天后，当我过来观察的时候，恰好发现工程已经启动。雌虫比雄虫个儿大，钻头也更长，两者很容易区分。我看到一只雌虫正在检查它的开凿对象，毫无疑问，它要准备产卵了。

雌虫在橡子上一步一步地爬着，从上而下，从前而后。在有鳞片的壳斗上行走很容易，如果表面不够粗糙，那就得靠它脚底上那双黏糊糊的鞋子了。有了这个秘密武器，它可以稳稳地停在任何位置，就算是在滑溜溜的果实顶部、底部或四周，橡栗象也能行走自如，从不担心无处下脚。

橡栗象终于相中了一个质量上乘的橡子，接下来的工作就是钻孔了。它的鼻子实在太长，调遣起来不太方便。为了达到最佳的施力效果，必须把长鼻子垂直插入橡子的凸面中。当橡栗象不工作的时候，竖在它身体前面的长鼻子就会显得碍手碍脚，这时就要把长鼻子换个位置，比如藏在身下。

　　为了钻孔，橡栗象必须依靠后足抬升身体——鞘翅尖及腹部最后几节与两只后足形成三个支点，支撑着它的整个身子。橡栗象站直身子把长鼻子钻头拉向身体的动作实在太有趣了，很难想象这世界上还有比它更滑稽的木匠。

　　现在钻头已经被举到与橡子表面垂直的位置，钻孔工作马上开始，方法与我大冷天在橡树林里看到的一模一样。橡栗象先慢悠悠地从右往左画圈，然后再从左往右画。它的长鼻子不是螺旋钻，不能朝一个方向不停地转圈，也许把长鼻子比作手钻或者外科用的套针更合适些，后两种工具在操作时都需要变换方向——先朝一个方向旋入，再朝另一个方向旋入，逐渐钻出一个小孔。

正在钻孔

在继续往下讲之前，让我先介绍一个令人太难忘以至于不能略而不谈的小插曲——我曾几次看到橡栗象在劳作中死掉的场景。从尸首的离奇姿势来看，在劳作过程中死亡，尤其是突然死亡，是一件经常发生的事情。

钻头只是浅浅地插在橡子的表面——这意味着钻孔工程才刚刚开始，橡栗象的尸体悬在半空中，与钻头末端垂直，离地面有相当一段距离。显然，它已经死了，具体死了多久我不知道，但尸体已经干燥，像木乃伊一样。它的足非常僵硬，蜷缩在身体下面。即使橡栗象的足还像活着的时候一样舒张自如，也够不到橡子表面，还差好远呢。到底发生了什么事情使这个可怜的小家伙被刺穿了身体，就像头部别着大头针的甲虫一样？

原来是发生了工伤事故。因为工具太长，橡栗象开工前势必要站直身子，把重心压在两只后足上。试想一下，一旦两只黏附力强的后足出现滑动，或者迈错一步，这个不幸的小生命马上就会踩空。钻孔前，橡栗象不得不将长鼻子略略弯曲，一旦踩空，鼻子的弹性会把它甩到半空中。一旦脚下失去支撑，这个可怜虫除了在空中徒劳挣扎之外，再也没有其他办法，因为那双能带给它安全性的后足再也找不到支撑点了。没有了支撑点，悬在鼻子一端的橡栗象最终必将精疲力竭而死。就像工厂里的工人一样，橡栗象有时也会沦为生产工具的受害者。我们只能祝福橡栗象好运：千万小心脚下别打滑，但愿钻孔工作能顺利进行。

这一次，橡栗象的工作进行得很顺利，只是进度太慢，即使用放大镜观察也看不清工程的进展。只看到橡栗象干累了，就休息，休息好了继续干。一个小时过去了，两个小时过去了……我一直目不转睛地盯着橡栗象，希望看到橡栗象抽回钻头，转过身来在孔入口产卵的精彩瞬间。至少这是我之前预见会发生的场景。

抽回长鼻子

两个小时过去了，我已经完全丧失了耐心，于是把家人叫来帮忙。我们三个人轮流看守，不间断地观察这个坚忍不拔的小东西。我要搞清楚橡栗象的小秘密，不管花费多少时间和精力也在所不惜。

好在我找来了帮手。橡栗象一共劳动了八个小时，直到夜幕快要降临时，放哨的人才跑来叫我。看样子橡栗象已经完工了。果然，它非常小心地抽回长鼻子，好像很怕滑倒，随后立马把长鼻子直挺挺地放在身前。

激动人心的时刻到了……噢！不！我又被骗了。八个小时就这样白白浪费，橡栗象又撤退了，它没有在这颗橡子里产卵。不在野外进行观察实在是个明智的选择——茂密的橡树林里，太阳暴晒，风吹雨打，集中观察这么长时间绝对是常人难以忍受的。

整个十月里，我和家里的助手一起观察到了许多里面没有产卵的孔。完成观察任务的时间有长有短，通常情况是两个来小时，有时会超过半天。

为什么橡栗象辛辛苦苦打了那么多孔又不利用呢？让我们首先找到虫卵的位置和幼虫最初的食物来源吧。或许了解了这两样，就能帮助我们找到答案。

被橡栗象入侵的橡子还会留在橡树上，连壳斗都是完好的，就好像子叶部分从未遭受过任何损害一样。不过只要稍加注意，还是能把它们辨认出来的。就在离壳斗不远处，在橡子滑溜溜的绿皮上，可以看到有一个小圆点，像极细的针扎出来的。打完孔后，橡子表面很快就会出现一小圈棕色的晕，这是组织坏死的产物。此处便是孔的入口了。有时候橡栗象也会连壳斗一起打穿，但是这类情况比较少见。

让我们选一些刚被打穿的橡子进行观察，也就是那些周围还没来得及产生棕色晕的。剥开这些橡子，我们发现，大部分孔里没有什么稀奇的东西，把它们打好后橡栗象并没有在里面产卵，这和我在实验室里看到的情况一样。不过，仍有不少橡子里包含一枚卵。

不管孔打得多深，卵的位置总在橡子底层，位于壳斗内子叶的基部。壳斗内有一层柔软的天鹅绒薄膜，可以吸收叶柄渗出来的美味汁液，这就是幼虫的营养来源。我曾亲眼见过一只幼虫孵出来的场景，它的第一口食物就是这层絮状物，又潮又软还混着鞣酸的味道。

初生幼虫的营养物质美味多汁又容易消化，这么鲜嫩的食物只在壳斗和子叶之间的夹层里才有。橡栗象刚好就把卵产在这里。它们知道新生幼虫的胃还比较娇弱，只有这里的食物才最适合它们。

絮状物上面是幼虫的第二顿饭——较硬的子叶。吃完第一顿饭，幼虫才有力气嚼这样的硬东西，不过不是直接嚼，而是吃妈妈在打通道时留下的碎屑和咀嚼了一半的残渣。这点儿微不足道的食物就能让幼虫体力大增，然后它就能自主进入果肉那一层了。

观察到现在，橡栗象妈妈的策略已经昭然若揭了。在钻孔之前，它为什么要在橡子上上上下下、前前后后仔细检查呢？它是在确定这颗橡子还没有被别的昆虫占据。虽然橡子里食物充足，但两只幼虫肯

223

定不够吃。我从来没有在一颗橡子里发现过两只幼虫。只有一只，总是只有一只幼虫消化掉橡子里的全部食物，在它们离开橡子和下到地里之前，还留下了一些绿色的排泄物，最后整个橡子被吃得所剩无几。所以原则就是，一颗橡子里只有一只幼虫。

因此，在把卵产到某颗橡子里之前，有必要对橡子进行一次全面的体检，看看里面是否已经被别人占了。占有者很可能位于橡子底部，掩盖在壳斗之下。这个位置非常隐秘，如果在橡子表面找不到小孔，凭肉眼谁也发现不了这里竟然还藏着东西。

肉眼可见的小孔向我泄露了天机：有小孔代表这颗橡子已经被占，或者至少曾经有过橡栗象打算在这里产卵；无小孔代表橡子还没有被征用。毫无疑问，橡栗象也是根据有没有小孔得出相关结论的。

我可以居高临下以全面的视角对橡子进行观察，必要时还可以借助放大镜。只要把橡子在手指间转上几圈，检查过程就可以轻松完成。而为了找到泄露天机的小孔，近距离观察的橡栗象不得不爬遍整个橡子。不错，后代的幸福的确比我的好奇心更重要，当然需要仔仔细细检查。这就是每次打孔之前橡栗象都要花费大把时间仔细检查橡子的原因。

检查结束，结论是橡子还没有被占。橡栗象把钻头切入表面，左转右转，持续了好几个小时。然后，橡栗象十有八九会放弃自己的作品，那么它们为什么要花这么多时间打孔呢？是不是为了获得零食和饮料呢？它们把长鼻子伸到橡子里面是为了吸几口营养液吗？难道如此劳累只是为了满足个人的口腹之欲？

辛辛苦苦劳动半天，就为尝两口果汁有点儿说不过去，不过一开始我就是这么认为的。然而，雄性橡栗象的行为让我改变了看法。它们也有长鼻子，如果它们愿意，随时都可以钻出这样的孔，但我从来没有见过一只雄虫在橡子表面爬来爬去来回检查，那么雌虫为什么要做这么多无用功呢？况且这类饮食有度的虫子几乎不用吃东西，在柔软的叶子表面浅浅地打个孔就足以维持生计了。

为什么游手好闲的雄虫不在橡子上钻孔，用鲜美的橡果汁满足自己的味蕾，而雌虫却在本来已经很忙的繁殖季把宝贵的时间花在满足口腹之欲上呢？我敢肯定，在橡子上打孔不是为了喝里面的果汁。当然，一旦长鼻子钻进去，雌虫也许会喝上一口两口，但钻孔的目的绝不是为了获得食物和饮料。

最终我还是猜到了答案。正如前面提到的，橡子底部通常有一枚卵，就在被叶柄渗出来的汁液浸湿的柔软棉絮层上。刚出生的幼虫还不能啃食坚硬的子叶，只能咀嚼壳斗底部这层柔软无比的棉絮，从中吸取汁液作为自身的营养。

然而，随着橡子的不断成熟，棉絮层的密度也会越来越大：柔软的组织渐渐变硬，湿润的组织渐渐变干。在橡子成熟过程中有一个阶段最能满足幼虫的需要。太早，时机还不成熟；太晚，橡子会熟过头。

从橡子外表面根本看不出内部厨房的烹制进度，为了确保后代有饭吃，橡栗象妈妈不得不亲自品尝壳斗底部的棉絮。外表看到的不算数，只有用长鼻子末端尝过，才知道这颗橡子适不适合宝宝。

奶妈在给孩子喂汤之前免不了要自己先尝尝。同样道理，在为后代寻找安身之处时，橡栗象妈妈也会把长鼻子插入壳斗底部，以便确认那里的食物适不适合宝宝。只有认为条件符合要求，橡栗象妈妈才会把卵产到那里；反之，钻了孔的橡子就会被废弃。这就是为什么橡栗象辛辛苦苦打了孔却经常无端废弃的原因。原来，经过认真检查，壳斗底部的棉絮不能满足幼虫的需要。这种昆虫对于橡子的要求非常苛刻，为了给后代准备完美的第一餐，橡栗象可真算得上是苦心孤诣。对于深谋远虑的妈妈来说，把卵产在新生幼虫能够看到光亮并能找到柔软、多汁又易消化的食物的地方还远远不够，它们对后代的关照不止这些。一段时间之后，刚出生的幼虫才能从吸食柔软食物成长到啃食坚硬的橡子。这个过渡阶段是在妈妈用长鼻子挖的隧道里度过的，那里有打孔时留下的碎屑和妈妈嚼烂的食物残渣。而且，对于刚出生不久的幼虫来说，妈妈用长鼻子钻过的隧道壁比橡子中的其他部分更适合自己柔软的嘴。

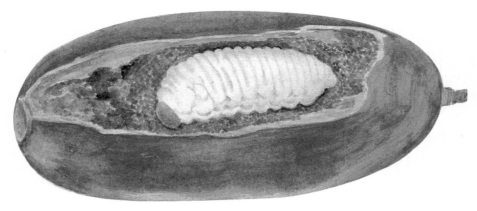

橡栗象幼虫

实际上，在啃食子叶之前，幼虫会首先从妈妈嚼烂的残渣和狭窄隧道的内壁下手。它们先吃散落在隧道里的食物碎渣，再吃粘在隧道壁上的棕色残片，等身体足够强壮了，才会钻进橡子，把所有果肉彻底吃光。一旦胃已长成，剩下的事情就是美美地享用食物了。

为了满足新生幼虫的需要，隧道长度就不能太短，所以橡栗象妈妈要非常辛苦地打孔。如果打孔的目的仅仅是为了品尝橡子底部的食物，了解一下它的成熟程度，那么橡栗象大可不必把孔打得这么深，只要从靠近橡子底部的一方打入壳斗就可以。橡栗象也不傻，我就曾经见过一只橡栗象在朝有鳞片的壳斗钻孔。

如果出现这样的情况，一定是怀孕的橡栗象妈妈急于知道橡子里面的情况。如果橡子能满足要求，打孔工作就会从一个较高的位置重新开始。一旦决定产卵，橡栗象妈妈一定会从离橡子底部尽可能远的地方打孔。也就是说，在长鼻子能够到的范围内，离橡子底部越远越好。

为什么橡栗象要花那么长时间打孔呢？如果从离叶柄近的一端开始钻，花费很少的时间和精力就可以钻到理想部位——新生幼虫能喝到甘泉的地方，橡栗象妈妈为什么要自讨苦吃呢？显然，它们如此辛苦一定有自己的理由：辛苦不但让橡栗象妈妈最终够到了满足需要的部位——橡子底部；更重要的是，还为幼虫铺设了一条长长的通道，那里存着许多美味又容易消化的食物。

可是这些事情都无关大局呀。不对！橡栗象妈妈考虑得很周全，你能说煞费苦心为后代储备粮食是小事吗？这些细微之处恰恰反映出橡栗象做事的条理性。

橡栗象妈妈在哺育后代方面匠心独具，值得尊重。至少乌鸫是这么认为的。在深秋时节，浆果渐渐稀少的时候，也就只有抗冻的橄榄还能将就着充饥，这时候如果能拿长鼻子橡栗象换换口味，虽然只是一小口，也不失为一道美味。

如果没有竞相歌唱的乌鸫，那么到了春天，谁来把树林唤醒呢？即使有一天，人类因为自己犯下的愚蠢错误而灭亡，到万物复苏的季节，黄嘴歌唱家依然会用歌声为美丽的春天增光添彩。

除了能让森林音乐家——乌鸫饱餐一顿之外，橡栗象还有另外一个值得称颂的好处——改善森林植被的拥挤状况。像所有名副其实的巨富一样，橡树也很慷慨，它能产生数以斗计的橡子。这些橡子超过了土地的承载能力，森林会因缺少空间而窒息，过度生长必将破坏生态原有的平衡。

　　好在这种高产的粮食一产生，热衷于抵消过剩生产的消费者就会从四面八方蜂拥而至：树林里的土著——田鼠把橡子藏在干草窝旁边的石堆里；远方的松鸦不知道从哪里得到了消息，也成群结队地从外乡飞到这里。在接下来的几周时间里，松鸦尽情地享用橡树上的美餐，还时不时发出洋溢着喜悦的叫声，那声音和被噎住的猫叫差不多。饱餐过后，它们便飞回北方的老家。

　　橡栗象抢在了所有竞争对手的前面。早在橡子还呈绿色的时候，橡栗象妈妈就把卵产在了里面。等竞争对手赶到时，被入侵的橡子已经落到地上，提前变成棕色。幼虫吃光里面的果肉，早已从打的小圆洞里逃之夭夭了。在一棵橡树底下随便一捡，就能收集一篮子被橡栗象幼虫吃剩的壳。与松鸦和田鼠相比，橡栗象在缓解生产过剩的矛盾方面贡献最大。

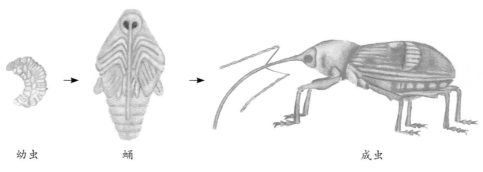

幼虫　　　　　　蛹　　　　　　　　　　　　成虫

橡栗象生活史

很快，人类登场了，橡子可是喂猪的好食粮。在我居住的村子里，大家都把镇里贴出布告宣布哪一天开放山林供大家采摘橡子的事情当成大事，最积极的村民头一天就会去占好位置，第二天天一亮全家总动员：爸爸用竹竿把高处的橡子打下来；妈妈穿着麻布围裙在大树下面的荆棘中穿来穿去，收集手可以够到的橡子；孩子们也不能闲着，他们的任务是捡掉到地上的橡子。先是小篮子装满了，随后是筐装满了，最后连大麻袋也装满了。

人们算计着收获的橡子能带来多少猪膘肥肉，不过欣喜之余也有遗憾：在人类到来之前，橡树林曾经是田鼠、松鸦、象鼻虫等许多类动物的天堂，有很多散落在地上的橡子已经被穿孔、毁损和糟蹋。难怪有人对之前的开采者出言不逊，听他的口气，就好像整个森林都得为他一家服务，橡树结子就是为了他家的猪。

我要对这样的人说：我的朋友，护林人不能对情节轻微的冒犯者提起法律诉讼，我们也不能自私地认为橡子的价值就是增加香肠的产量——有这种想法的人只会自寻烦恼。橡树慷慨地邀请整个世界分享它的果实，人类已经占有了最大的那一部分——因为我们最强势，但我们的特权也就到此为止了。

在不同物种之间平均分配资源比让人类独享特权更重要。世间万物，无论大小都有自身存在的价值。乌鸫用笛子一样的歌声庆祝春天到来固然是件好事，但橡子被虫吃掉也不一定是坏事。正是橡子养肥了乌鸫的甜点——橡栗象，肚子吃得滚瓜溜圆的乌鸫唱起歌来别提多带劲了。

先把乌鸫唱歌的事暂放一边，让我们继续讨论象甲科昆虫的卵。大家都知道，雌虫会把卵产在橡子底部，因为那里的植物组织最鲜嫩，最可口。但橡子底部离孔入口那么远，橡栗象是如何把卵产在那里的？

没错，这是一个微不足道的问题，甚至可以说，这是一个很幼稚的问题。但是，请不要轻视它，搞科学离不开这些琐碎的问题。

第一个发现在衣袖上摩擦过的琥珀能吸引谷壳的人肯定想象不到电给今天的我们带来的奇迹，他只是像小孩子一样自娱自乐而已。重复、验证、尝试各种可能情况，孩子的小打小闹就成了改变世界的力量。

一个观察者不可以漏掉任何细节，因为谁也不知道从不起眼的细节中能变化出什么样的奇迹。让我们一起再来看看这个问题：孔入口离橡子底部那么远，橡栗象是怎么把卵产进去的呢？

对于那些不知道产卵位置，只知道幼虫最先出现在橡子底部的人来说，他所做出的解释可能是这样的：雌虫把卵产在隧道进口，也就是靠近橡子表面的地方，幼虫孵出来后沿妈妈钻的隧道往下爬，凭自己的努力找到这个存放着"婴儿餐"的偏僻地点。

在了解到真实情况之前，我也是这么认为的，但很快就发现这种想法是错误的。一次，当橡栗象妈妈把腹部末端从长鼻子挖的隧道里拔出来的时候，我马上检查了一下那颗橡子。从橡栗象妈妈排卵的样子来看，卵一定产在了隧道进口……但实际情况却是，那里没有卵，卵在隧道的另一端！我猜卵可能像掉到井里的石头一样落到了橡子的最底层。

我立马放弃了这个想法：隧道那么窄，里面还满是挖掘时留下的碎渣，卵根本不可能借助重力落下去；而且梗的方向可能向上，也可能向下，卵在一颗橡子里会向下落，在另一颗橡子里则有可能掉出来。

于是我又想到了另一种解释，但也同样不靠谱。有人会说："杜鹃鸟会在草里随便找个地方产卵，然后用喙把卵衔到离得最近的窝里。"

橡栗象会不会也采用了类似的方法？橡子底层的卵是不是它用长鼻子捅进去的？我想不出橡栗象身上还有其他什么器官能把卵藏到这么隐秘的地方。

这个解释太荒谬，必须立刻放弃，根本当不了救命稻草：象甲科昆虫怎么可能把卵产在外面然后用长鼻子捅进去呢？卵如此娇嫩，如果把它从满是碎渣的狭窄通道里塞进去，不被挤坏才怪呢。

这真是一个令人费解的难题。所有熟悉橡栗象身体结构的读者一定会和我一样苦恼。蝗虫有像剑一样的产卵器，可以插入土中，把卵产到土层里合适的深度。褶翅小蜂身上有探针，能够刺入石蜂的巢穴，把卵产在茧里正睡得迷迷糊糊的粗胖幼虫身上。但是橡栗象没有剑，也没有匕首或者长矛，它的腹部末端什么都没有。橡栗象只能把腹部末端插进隧道进口，不知怎么回事，卵就自己滑到橡子最底层了。

其他办法都无法破解，只有解剖学能帮助我们揭开谜底。我把一只受精的雌虫剖开，眼前的情景让我大吃一惊：原来橡栗象体内有秘密武器——一根又硬又尖的红色细棒，差不多和它的身体等长，我倾向于把它称作"喙"，与橡栗象头上的长鼻子惊人地相似。这根细如马鬃的管子在自由的一端微微加粗，酷似老式大口径短枪，在起始那一端则有一个鼓胀的卵形泡。

这就是橡栗象的产卵管，长度和长在头上的长鼻子差不多。长鼻子能钻多深的孔，身体内的"喙"——产卵管就能探多深。在考虑从哪里开始钻的时候，雌虫会选择让两个工具都能轻易探到橡子底部所需的地方。

现在，答案已经不言自明了。在钻孔工作结束，隧道完工后，橡栗象妈妈就会把腹尖插入隧道进口。这时，它的体内结构就开始发挥作用了——细棒轻松地穿过隧道中残留的松散碎屑，动作如此快捷，如此谨慎，从外面根本看不出来。直到产卵完成，工具缩回腹内，我们都觉察不到这个秘密武器的存在。大功告成，橡栗象妈妈离开。我们根本没有机会看到它体内的秘密。

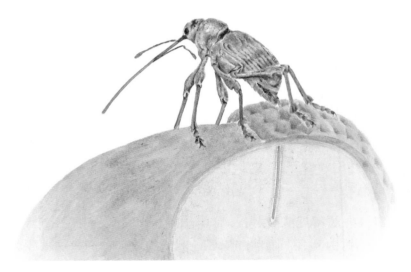

橡栗象产卵

　　我如此执着是不是显得过于迂腐？正是这个不起眼的疑点促使我寻根问源。长鼻子橡栗象体内有个探针——一个藏在腹中的"喙"，与蝗虫的剑和姬蜂的匕首很相似，只是从外表上看无法发现。

第二节

豌豆象

人类对豌豆的评价很高。长久以来，人们想尽各种办法精心栽培，就是想培育出更大、更软、更甜的豌豆品种。本来豌豆就很听话，再加上人们的精心照料，这种植物逐渐进化为园丁希望的样子。现在，豌豆的产量不但已经远远超越了最原始的豌豆，而且也大幅超过了古罗马学者瓦罗（公元前116—公元前27，《论农业》的作者）和科卢梅拉（公元1世纪农学家）书中所描述的品种。第一个种植豌豆的人大概是用穴熊的半个下颚把从野外捡到的豌豆种子埋进土里的，穴熊尖利的犬牙完全可以起到犁头的作用。

原始豌豆是地球上本来就有的植物吗？在我居住的法国就没有和豌豆类似的植物，别的国家会有吗？在这一点上，植物学家没能给出明确的答案。

其实，对于其他很多粮食作物的起源，我们也同样不了解。给我们带来面包的神圣谷物——小麦是从哪里来的？谁也不知道。如果没有人精心耕作，就不会有现在的植物品种，无论是在法国还是在其他国家。东方是农业的发源地，即使在那里也没有人见过小麦从没有被犁过的土地里长出来。

还有大麦、燕麦、黑麦、萝卜、甜菜、胡萝卜、南瓜以及其他许许多多农产品，它们都给我们留下了类似的困惑。尽管在过去的几个世纪里，人们曾经做出过种种猜测，但农作物的起源仍旧是谜。大自然把这些桀骜不驯的植物托付给我们，那时它们还不是人类重要的食物来源，至今仍有很多没有被人类改造过的野生植物，比如黑刺李、西洋李、黑莓和野苹果。大自然给我们提供的只是不完美的粗胚，需要人类不断地进行改造和完善。正是人类的技艺和坚持不懈的努力把它们变成营养丰富的食物。最初培育出的产品是"本金"，在土地这个"银行"里不断升值。

谷物和蔬菜是我们主要的食物来源，人类对这些农作物进行了很大程度的改造。来自植物宝库中的品质较差的粗胚正是经过人类的辛勤劳动才被改良成了营养丰富的食品。

如果认为小麦、豌豆还有其他一些植物对我们来说不可或缺，那么就必须对它们进行精心栽培。正是我们的需要使它们得以一代一代地繁衍下去。如果任由它们在自然界发展，它们就算有极强的繁殖能力，也会很快从自然界消失。就像如果没有羊圈，愚蠢的绵羊早就会不复存在了一样。

改良过的植物是人类的杰作，但它们并不专属于人类。无论哪里的食物多了，天地四方的消费者就会闻讯而至。美味的食物让它们不请自来：食物越丰盛，访客就越多。人类能开拓耕地、种植作物，同时也引来了成群结队的食客。人类栽培的作物越来越多，口味越来越鲜美，除了满足自身的需要，也养肥了成千上万饥肠辘辘的食客，食客强烈的食欲让人类的禁律黯然失色。生产得越多，食客的需求也越多。规模化的农业生产成就了我们的对手——昆虫。

这就是自然界的铁律。大自然敞开博大的胸怀，以同等的热情哺育世间万物，对生产者和窃取他人劳动果实的吃白食者一视同仁。我们耕地、播种、收获，累得筋疲力尽，大自然赐予我们粮食的丰收，但她同样把丰收送给小小的豌豆象。从不在田间劳动的豌豆象依然会大摇大摆地进入我们的谷仓，用尖尖的嘴一粒一粒地啃食我们的粮食，直到只剩下空壳。

我们翻土、除草、浇水，在太阳的炙烤下累弯了腰，大自然赐予我们鼓胀的豆荚，但不稼不穑的豆象也会得到同样的恩赐。春回大地、万物复苏的时候，也是豌豆象出来活动的好时节。

鼓胀的豌豆荚

让我们一起来看看豌豆象是如何从青豌豆里"抽税"的。作为一个仁慈的纳税人，我决定任由它们啃食我的作物。我在庭院的角落种植了几排豌豆象最钟爱的豌豆，五月份到来之后，不用邀请，它们也会准时赶来消费这些数量有限的豌豆。它们知道，在一块种不了蔬菜的贫瘠土地里长出了豌豆，于是匆匆忙忙赶来，代表昆虫作为收税官员前来行使自己的职责。

这些豌豆象到底是从哪里冒出来的？很难说出具体位置，但它们一定来自某个隐秘的地方——在寒冷的冬季，它们会找个地方躲起来冬眠。盛夏时节，梧桐树的树皮自动剥落，半剥落的树皮微微翘起，没有什么地方比这里更适合无家可归的豌豆象了。

于是我总能在这样的避难场所找到豌豆象，它们静静地躲在干枯的树皮底下，或者用别的办法得到保护，直到春天的第一缕阳光将它们唤醒。按时结束冬眠是豌豆象的本能。它们跟园丁一样，了解豌豆什么时候开花。到了豌豆开花的时候，它们会从每一个角落迈着细碎的步子走向或者敏捷地飞向自己喜爱的植物。

要是给我的客人画素描的话，它长着小小的头、细细的鼻子，烟灰色的外衣上点缀着棕色的小点。它的鞘翅是扁平的，矮胖的身体很敦实，身体后端有两个大黑斑。五月中旬一到，豌豆象的先头部队就会如期而至。

豌豆象

236

它们落在样子很像白翅蝴蝶的豌豆花上。我曾经见过它们待在花的底部，或者花的"龙骨"穴里，不过大多数豌豆象会在花瓣上安营扎寨。产卵季节还没有到来。早上气温适中，阳光温暖却又不是太强，此时正是"情侣们"在阳光下相伴飞行的好时节，到处是一片喜庆的场面。一对对豌豆象一会儿相聚，一会儿分开，一会儿又再次相聚。快到中午的时候，天气太过炎热，豌豆象躲到阴凉处——它们对豌豆花的每一个角落都很熟悉，随便找个地方就能躲起来。第二天又是开心的日子，第三天也是……直到越长越大的豆荚从花的"龙骨"下面露出身形。

这时候，豆荚刚从花鞘里钻出来，又扁又瘦还不饱满，但有些雌虫已经怀孕，它们迫切想要把卵产在尚未成熟的豆荚上。这些匆忙之间产下的卵，很可能是卵巢在紧急情况下不得已排出的。在我看来，这些卵性命难保，因为幼虫赖以生存的种子和一粒绿色的尘埃差不多大，不但不硬实，而且一点儿淀粉也不含。除非幼虫可以一直等到豆子成熟，否则它们是得不到充足营养的。

然而，孵出来的幼虫能坚持那么长时间不进食吗？我很怀疑。从观察到的一星半点儿情况来看，新出生的幼虫必须马上找到食物，否则命不久矣。因此，我得出结论，产在未成熟豆荚里的卵早晚会夭折。不过，雌虫的生育能力很强，豌豆象家族不在乎这点儿损失。下面我们即将看到雌虫在产卵的时候是多么大手大脚，大部分卵的结局注定是死亡。

准妈妈的大部分产卵工作将在五月底结束，那时豆荚里满是鼓胀的豌豆，这些豌豆已经完全长熟，或者至少马上就要长熟。在昆虫学中，豌豆象隶属于象甲科[①]，但是它的长相却和其他象甲科昆虫有所不同：其他象甲科昆虫大多有长长的鼻子，产卵的时候可以用长鼻子打孔，而豌豆象只有短短的鼻子或者说短短的嘴，吃柔软的食物倒是挺合适，

---

① 在法布尔时代，豌豆象属于象甲科；在现在的昆虫学分类中，豌豆象被归入豆象科。

当钻头使可派不上用场。我很想知道，在产卵的时候，豌豆象如何才能像其他象甲科昆虫一样工作。

豌豆象安家的方式与其他象甲科昆虫完全不同，它不会像橡树象、熊背菊花象、黑刺李象那样辛勤准备。豌豆象没有长鼻子，所以只能把卵产在露天的地方。对于太阳暴晒和气温变化，可怜的卵只能全盘接受。对豌豆象的卵来说，没有什么比冷热变化、潮湿干旱更危险了。

上午十点的时候阳光明媚，豌豆象妈妈在选定的豆荚上爬上爬下，一会儿这边，一会儿那边，步伐恍惚、紊乱，完全没有章法。它不断伸出短短的产卵管，向左摇，向右摆，似乎想把豆荚的外皮刮破。紧接着产下一枚卵。卵一旦产下，立马就被豌豆象妈妈遗弃。

豌豆象妈妈快速用产卵管碰了碰绿色的豌豆荚，这里点一下，那里点一下，产卵就结束了。豆荚上的卵毫无保护，就暴露在阳光下。豌豆象妈妈在产卵的时候没有仔细选择地点，它不懂得要为自己的后代选择容易刺破豆荚找到食物的地方。有的卵产在了豆荚下面有饱满豆子的地方，另一些卵则产在了豆子和豆子之间的坑里。前者靠近豆子，后者离豆子有一定距离。总之，豌豆象的产卵位置毫无规律，就好像是在随意散播。

豌豆象还有一个更糟糕的恶习：产卵数量远大于豆荚上豌豆的数量。要知道，每只幼虫都需要一粒自己的豌豆，这是一项必需的配给。一粒豌豆对一只幼虫来说富富有余，但几只幼虫肯定不够，哪怕只有两只也会非常紧张。一粒豌豆对应一只幼虫，不能多也不能少，这是一条不可改变的规律。

我们非常希望雌虫能根据豆荚中豌豆的数量控制产卵量，希望它给产卵量设置一个上限。怎奈豌豆象对生殖经济学一窍不通，在产卵的时候毫无节制，一只幼虫对应一粒豌豆的原则总被打破。

我的观察无一例外证实了这一点。豌豆象在一个豆荚上产的卵总是比豌豆的数量多，而且超出的数量很惊人。不管豆荚多么干瘪，都会有如云的消费者。用卵的总数除以豆荚里豆子的数量，我发现每粒豌豆对应五到八只嗷嗷待哺的幼虫。我甚至还见过十只幼虫对应一粒豆子的情况，没有什么迹象表明不会出现更为失衡的情况。生的多，活下来的少，多余的幼虫怎么办？显然，它们会被空间有限的宴会驱逐出去。

豌豆象的卵呈琥珀黄色，形如圆柱，表面光滑，长约一毫米，两端圆润。每枚卵都被凝固蛋白丝形成的细网固定在豆荚上，风吹雨打也掉不下来。

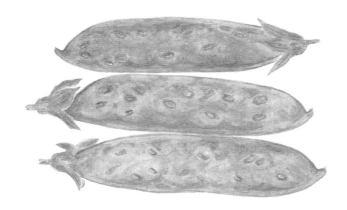

豌豆象的卵

豌豆象妈妈通常一次会产下两枚卵，一枚压在另一枚上面。一般来说，上面的卵会先孵出来，而另一枚卵的命运注定是死亡。下面这枚卵到底缺少什么，为什么它就不能孵出幼虫呢？是不是因为上面的卵遮挡了阳光，使它得不到孵化所需的热量？不管是因为被挡住了阳光，还是其他什么原因，两枚卵中先产下的那一枚很少能正常发育，它们还没有真正活过就已经死在豆荚上了。

这种早衰的情况也有特例，有时两枚卵都能正常发育，但此类情形并不多见。如果两枚卵叠加的现象普遍存在，那么豌豆象家族的存活量将注定只有产卵量的一半。因此，一次产一枚卵并且隔开一定的距离于豌豆象有利，但于豌豆不利。

在豆荚的皮翘起来和发黄的地方，会出现一道弯弯的条带，呈灰色或白色，条带发端于卵，是新生幼虫的杰作。幼虫在豆荚上凿出一条通道，伺机寻找能钻到豌豆里面去的位置。一旦找到合适的位置，黑头白身、体长通常不超过一毫米的幼虫就会钻进表皮，下到豆荚空旷的内部。

豆子就在眼前，幼虫朝离自己最近的那一粒爬了过去。在放大镜下，我看见幼虫正在它的新家——绿色的豌豆球上开凿一条垂直于球面的井坑。我经常看到幼虫的半个身子探到井下，尾部拼命摇摆以便加快钻孔的进度，用不了多久就钻进井里不见了。井口很小，不过辨识起来并不困难，因为豌豆的灰绿色背景和井口的棕色形成鲜明的对比。井口的位置不固定，看似在豌豆表面上的任何地方都有可能，但很少会在与赘生物相连的下半球。

胚芽刚好在下半球，幼虫吃不到。尽管成虫钻出去的时候会形成一个大口子，但不影响胚芽长成植株。为什么幼虫不触动这个特殊部位呢？它们为什么要保护胚芽呢？

豌豆象当然不会考虑园丁的利益。在豌豆象眼中，豌豆是它们的，谁都别想抢走。它们没有触动胚芽肯定不是为了留存活种，而是另有原因。

豌豆在侧面有豆茎，并且一粒紧挨着一粒生长，所以豌豆象幼虫在寻找切入点的时候是不能随心所欲的。下半球因为脐部有赘生物而变厚，相较之下，还是只有豆皮包裹的地方比较容易穿透。而且，脐部的组织也有可能与豌豆的其他地方不同，或许幼虫不喜欢这里的怪味。

毫无疑问，这就是被豌豆象入侵的豌豆仍能发芽的原因。豌豆受到破坏，但不至于死亡，因为被入侵的半球结构疏松，很容易进入。而且，整粒豆子对一只小小的幼虫来说过于丰盛，幼虫可以选择符合自己口味的地方，恰好它选中的部分不是豌豆的关键部位。

如果出现其他情况，例如种子过大或过小，结果就会完全不同。如果豌豆过小，幼虫得不到充分的食物，胚芽就会和其他部位一样被啃食干净；如果豌豆过大，那么一粒豆子就够好几只幼虫一起享用。在豌豆数量不够的情况下，野豌豆和粗大的蚕豆可以给我们提供很好的佐证：较小的豆子整个都会被吃掉，只剩下豆皮，不能发芽；较大的豆子尽管被好几只幼虫分食，但仍能发芽。

前面提到，豆荚上卵的数量经常远远超过豆荚里豆子的数量，而每粒豌豆只够一只幼虫享用，那么有人自然会问：多余的幼虫怎么办？当先孵出来的幼虫一个个占据了豆荚里的所有豆子之后，后孵出来的幼虫会饿死在外面吗？它们会屈从于第一批占有者的利齿吗？以上两种解释都不正确，让我们来看一下事实真相到底如何。

豌豆象成虫从已经干瘪的豆子里钻出来，豆子上留下一个大大的圆窟窿。用放大镜仔细观察这样的豆子，会发现一些数量不等的小红点，红点的中心被打了孔。一粒豆子上大概有五至六个小红点，有时甚至更多。一定不会弄错，小红点的数量就是钻进豆子里的幼虫的数量。有好几只幼虫钻进了豆子，但只有一只能活下来，渐渐长大，直至成年。其他幼虫到哪儿去了？让我们拭目以待。

五月末和六月是豌豆象产卵的好时节，让我们在又绿又嫩的豌豆中寻找答案吧。几乎所有被幼虫入侵的豌豆都有不止一个孔，和在被成虫放弃的干豆子上看到的情况一样。这是不是意味着豌豆里有好几只幼虫呢？答案是肯定的。剥开豌豆，分离开子叶，把豆子尽可能多分几份，我们就能发现里面有好几只幼虫。它们刚出生没多久，一个个胖嘟嘟的，很有生气。每只幼虫各自窝在一个小角落里，身体摆成逗号的样子。

小小的豌豆里洋溢着一片祥和而安宁的气氛。邻里之间没有争吵，也没有妒忌。在盛宴开始的时候，食物很充足，幼虫之间彼此隔绝，互不影响。既然各自待在自己的小隔间里，当然不会打架斗殴，不论是有心的还是无心的。所有居民都享有相等的空间、相等的食物和相等的权利。那么大锅饭是怎么打破的呢？

我把里面确定有幼虫的豆子存到玻璃试管中，每天剥开一部分，这样就可以了解幼虫的成长情况了。一开始，并没有什么特别的情况发生，待在狭小隔间里的幼虫各自啃着自己身边的粮食，大家省吃俭用，和平共处。此时幼虫还很小，一丁点儿食物就足够美餐一顿；不过一粒豌豆显然不够所有幼虫吃到最后，饥荒就在眼前，最终的胜者只有一个。

形势很快急转直下。占据豆子中间位置的那只幼虫表现出了更快的生长速度。一旦它的个头超过了其他幼虫，后者就会停止进食，不再扩大自己的地盘——它们一动不动地躺着，任凭生命一点儿一点儿逝去。最后，整粒豌豆成了一只幼虫的天下。为什么强者周围的生命会这么自甘沉沦呢？目前我还没有得到满意的解释，只能给出自己的猜测。

豌豆的中心部位受光照较少，成熟程度不及外围，会不会因为中心部位的果肉更柔软、更适合幼虫稚嫩的消化系统呢？也许在那里，幼虫能够得到更软、更甜、更美味的营养物质，它们的胃一天天强健起来，直到能吸纳更不好消化的食物。在开始喝肉汤、吃面包之前，婴儿主要以牛奶为食，也许可以把豌豆的中心部位比作豌豆象的奶瓶吧？

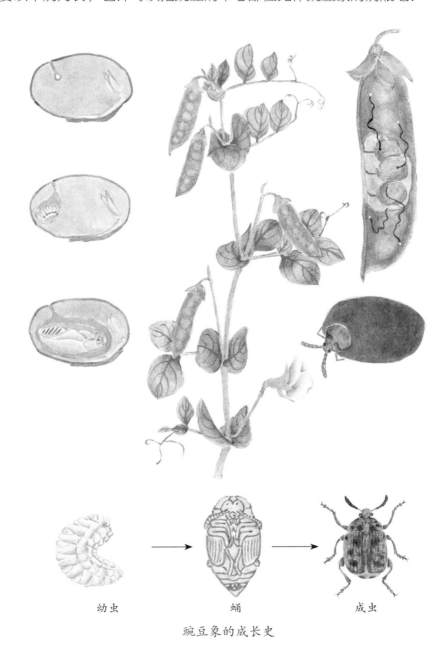

幼虫   蛹   成虫

豌豆象的成长史

具有同等的权利，被同样的野心驱使，豌豆中的所有居民都想得到中心部位的美味。长路漫漫，幼虫必须时不时地回到自己的小隔间里歇脚。它们一边休息，一边小口地啃咬身边的果肉，与其说是为了填饱肚肠，倒不如说是为了开辟一条通往中心部位的路。

　　最后，其中一只选对方向的挖掘者终于到达了中心部位，它在那里安顿下来，游戏到此结束，其他幼虫只有等死了。它们怎么知道中心部位已经被占领了呢？难道它们听见自己的兄弟在咬隔间的墙？它们能感受到同伴在咀嚼时产生的振动吗？它们一定是发现了什么蛛丝马迹，因为从那一刻起，它们就停止了挖掘。不与幸运儿抗争，也不尝试把它赶走，失败者安然接受死亡的命运。我对死者的这种大义凛然的放弃表示由衷的钦佩。

　　空间条件也是其中的一个影响因素。到达中心部位的幼虫在所有同伴中体形最大，长成成虫后需要比同伴更大的居住空间。一粒豌豆可以给一只豌豆象提供足够宽敞的空间，但绝对容不下两只。即便两只豌豆象愿意忍受拥挤，也是不可能做到的。因此，所有其他竞争者必须集体死去，只能留下一位胜者。

　　豌豆象也很喜欢蚕豆。蚕豆里的空间较大，能容纳相当数量的幼虫群居，于是独居者成了群居者。五六只甚至更多幼虫可以在一粒蚕豆里互不打扰，和平共处。

　　此外，每只幼虫都能找到适合自己吃的饭，即生活在离表皮有一定距离、变硬速度较慢、能在很长时间内保持多汁状态的那一层。内层相当于一块面包的中心，其余部分就是面包皮了。

　　豌豆球里空间狭小，只有占据有限的中心部位，幼虫才能存活下来，否则等待它们的只有死亡。但在蚕豆中，豌豆象可以待在两片蚕豆瓣之间宽大的接触面上。不论打孔工作从哪里开始，只要一路向下钻，幼虫很快就能到达柔软部位。这样会有什么结果呢？我统计过产在蚕豆荚上的卵的数量以及蚕豆荚里豆子的数量。对比这两个数，我发现：按每个豌豆象大家庭有五只或者六只幼虫计算，一粒蚕豆里的空间足够整个大家庭居住。这里没有刚从卵里孵出来没多久就饿死的多余幼虫，每只幼虫都能得到充足的食物供应，都能存活下来并且茁壮成长。食物的供应量终于和豌豆象妈妈的高生育率达成了统一。

如果豌豆象总是选择蚕豆作为繁衍后代的基地，那么它在一个豆荚上产的卵超过定额还有情可原——既然轻易就能得到充足的食粮，为什么不增加产卵量呢？但豌豆上的情况着实令人费解：在食物供应明显不足的情况下，豌豆象妈妈为什么要忍心让自己的后代活活饿死呢？一粒豌豆只够一只幼虫享用，为什么在一粒豌豆上会有那么多卵呢？

生命的负债表并不总能保持平衡。似乎应该有控制卵巢的机制，让它按照食物的多寡调节产卵量的多少。圣甲虫、飞蝗泥蜂、埋葬甲和其他一些昆虫要为自己的后代准备口粮，它们会严格限制产卵量，因为粪球、死伤的昆虫或者能埋到地下的动物尸体并非轻轻松松就能准备出来。

相反，丽蝇则会把大量的卵产在被屠宰家畜的鲜肉或者腐肉上。它知道尸体上的财富十分富余，自己的后代取之不尽，所以没有必要限制数量。在另一些情况下，口粮是通过抢劫得到的，这就把新生幼虫置于非常危险的境地，于是雌虫就要用提高产卵数量的办法来平衡这种损失。芫菁科昆虫就是如此，它们的幼虫会在极端危险的情况下盗窃别人的财产，因而此类昆虫必须有惊人的生育能力。

豌豆象不用疲于奔命为后代准备粮食，所以不必限制家庭的人口；也想象不出寄生者的悲惨遭遇，所以不必拼命提高产卵的数量。它们无须费力寻找，只要晒着太阳，溜达到自己最喜欢的豌豆上，就能保证所有后代都有充足的食物。它们本来可以做得很好，却愚蠢地在豆荚上产下了超过定额的卵。幼虫食物不够，绝大多数注定要饿死。我实在无法理解这种不负责任的行为，这与天下母亲为后代精心算计的本能背道而驰。

我倾向于认为，豌豆象的食谱中本来没有豌豆，它们最初的食物来源只有蚕豆。一粒蚕豆可以养活六只甚至更多幼虫，卵的数量与食物供应量之间的不平衡在子叶更大的蚕豆上是不会出现的。

人类种植蚕豆的年代肯定比豌豆早，这一点是毋庸置疑的。蚕豆豆粒特别大，味道又甜美，一定会引起远古时代人类的注意。对挨饿的族群来说，蚕豆有非凡的价值，因为摘下来就可以直接食用。原始人一定很早就在茅屋外面种植蚕豆。来自中亚的移民驾着长毛牛拖着的货车穿过一个又一个驿站，树干做成的轮子一路颠簸着为蛮荒之地运来了抵御饥荒的好东西——先是蚕豆，然后是豌豆，最后是谷物。

宽叶香豌豆

中亚移民教会我们如何照看牛群，如何使用最早的金属制品——青铜器，法兰西文明出现了曙光。随着蚕豆的传入，我们的移民老师会不会也带来一些跟我们抢夺食物的昆虫呢？这很难说。豌豆象很像土生土长的昆虫，因为我在人类未曾涉足的多种本地产野生植物上发现了豌豆象的踪迹，尤其是大森林里的一种巢菜属植物（宽叶香豌豆）。这种植物花朵鲜艳，豆荚漂亮、颀长，种子不算大，甚至小于家养豌豆。但如果能把贴近皮的果肉啃干净，满足一只幼虫的需要不在话下，实际上幼虫也是这么做的。我数了数，发现单一豆荚上有超过二十粒香豌豆。人工栽培豌豆中最多产的品种也不可能达到这个量。因此，一般说来，宽叶香豌豆能养活豌豆象托付给它的庞大家庭。

当找不到宽叶香豌豆的时候，豌豆象就会习惯性地把同样多的卵产在另一种口味差不多的豆类植物上，不管那种植物能不能养活全部幼虫，例如旅行野豌豆和救荒野豌豆。即使豆荚里的豆子数量不够，豌豆象仍然会产很多卵，因为原来选定的"食品工厂"豆子数量多并且豆粒粗大，足够豆荚上的所有幼虫分享。如果豌豆象是外来物种，让我们假设蚕豆是它最初选定的植物；如果豌豆象是本地物种，那么它一开始选定的植物就应该是宽叶香豌豆。

很久以前，人类开始知道豌豆这个物种并将它种进了史前菜园。虽然蚕豆的种植时间早于豌豆，但口味不如豌豆。在为人们提供了一段时间的服务之后，蚕豆淡出了人们的视线。豌豆象的品味和人类相似，随着豌豆的种植面积逐渐扩大，它们把越来越多的卵产在了豌豆荚上，但也没有完全放弃蚕豆和宽叶香豌豆。如今我们还得和豌豆象共享我们的豆子：它们先取走所需，把剩下的那一份留给我们。

优质高产的农作物成就了昆虫家族的繁盛，但从另一个角度来看，这样得来的家族兴旺与退化堕落并无二致。饮食的改良并非只有好处没有害处，不管对豌豆象还是我们自身都是如此。如果豌豆象不贪恋美食的话，后代会生活得更幸福。在蚕豆和宽叶香豌豆上产卵会降低后代的死亡率，因为这些豆子空间足够大，能为所有幼虫提供食物。豌豆虽然美味，但把卵产在豌豆荚上无异于让绝大多数后代活活饿死。毕竟食物有限，嗷嗷待哺的幼虫太多。

请不要在这个问题上过多纠缠，让我们继续观察在手足同伴死去后独占豌豆的幼虫。同伴的死不是它的过错，这是机遇对它的眷顾。豌豆的中心部位营养丰富，却只能容下一只幼虫，它在这里履行幼虫的义务，那就是吃饭。它一点儿一点儿地啃咬身边的果肉，不断扩大地盘，它那肥大的身子经常把小窝填得满满的。幼虫长得肥硕而健壮。如果捅它一下，它会在小窝里轻轻抬起身子，把脑袋摇两下，这就是它对我的无礼打扰发出的抱怨。我们还是让它安静一会儿吧。

幼虫利用得天独厚的地形快速成长，快到三伏天的时候，它就开始为钻出豆子做准备。盛夏时节，豆子已经变硬，雌虫的装备不够精良，不足以为后代打开一条出路。幼虫早已预料到未来的麻烦，它未雨绸缪，利用精湛的技艺为自己准备出路。它用强有力的大颚钻出一条圆形的通道，还把内壁清理得一干二净，其造诣可与手艺最好的象牙雕刻工相媲美。

除了提前准备出逃的通路以外，幼虫还必须确保化蛹过程不被打扰。如若不然，入侵者会从敞开的大门钻进来，伤害毫无还手之力的蛹。通道必须保持关闭状态，可是怎么才能做到呢?

在开辟通道的时候，幼虫吃掉了钻出来的豆粉，没留下任何碎屑。快钻到豌豆皮时，幼虫会突然停下来，留下一层半透明的膜以保护变态过程不被打扰，这扇封闭的大门专为提防心怀不轨的外来者而设。

这层膜也是成虫逃逸时的唯一障碍。为了降低出逃难度，幼虫在豆皮内侧沿着门边啃咬出一道沟槽，以便将来用最小的力就能冲破。发育成熟的豌豆象只要挺起胸来，用头撞两下就能打开这扇圆形的大门，就像撬开箱子盖一样。出口在豌豆轻薄的皮上留下一个大圆斑，昏暗的隧道使这个圆斑看上去很深邃。隧道里面发生的事情根本看不清，就像隔着一层毛玻璃一样。

密闭的小天窗可以用来阻挡外来入侵者，这可真是一项精巧的发明，而且到了豌豆象要从里面出来的时刻，只要稍一用力就能打开天窗。

豌豆象是这项发明的创造者吗？凭它的智商能有如此的创见吗？它能先想出一个方案然后按部就班地实施吗？这对豌豆象的大脑来说可是一个不小的挑战。在下结论之前，还是先让我们做个实验吧。

我选了一些有幼虫居住的豌豆，剥去外皮后，放入玻璃试管里以免过快风干。幼虫的生长发育没有因此受到影响，时间一到，它们还会像原来那样为逃逸做准备。

如果幼虫是在灵感的指引下工作，如果它们在通过不断检查发现外层覆盖物已经足够薄之后停止挖洞，那么在现在的实验中它们会怎么做呢？幼虫会在感觉到离表面已经很近的时候停下来，它们不会破坏裸露豌豆的外层覆盖物，只有这样才能留下必不可少的保护屏障。

上述假设结果并没有出现。所有幼虫都把通道完全打穿，通道出口大敞着，开口之大、做工之细就好像豌豆还在豆荚里一样。为确保自身的安全，幼虫应该改变固有的工作模式，但它们没有这么做。现在外来者可以自由出入幼虫的居所，但幼虫并没有表现出丝毫的焦虑。

即使豆荚原封未动，幼虫在啃到外皮时突然止步不前也与防备外敌入侵无关。幼虫不再继续往前挖是因为觉得外皮没有营养、不合胃口。我们在烹制豆粉布丁时也会把羊皮纸一样的豆皮去掉，因为从厨师的角度来看，豆皮毫无烹饪价值。同我们一样，豌豆象幼虫不喜欢那层包裹豌豆的皮，它们在豌豆种子的角质层处止步不前是因为发现了吃不动的东西。这种厌恶情绪才是产生奇迹的真正原因。昆虫没有逻辑，它们只是被动遵从祖先的安排。这是它们的本能，其无意识的程度正如晶体按照一定的排列方式聚集大量原子一样。

到了八月，被幼虫占领的豌豆上迟早会出现一个黑圈，而且每粒种子上有且只有一个。黑圈就是豌豆象逃逸的出口。到了九月，绝大多数出口都已经处于打开的状态，好似被冲孔机齐刷刷切下来的盖子干净利落地掉到地上，让通道出口暴露无遗。蜕变后的豌豆象成虫光鲜亮丽地从豌豆里走了出来。

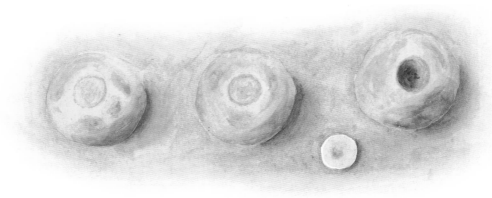

幼虫逃逸前（左、中）和逃逸后（右）的豌豆

　　此时秋高气爽。早在盛夏时节，丰沛的雨水就已经把百花淋醒，如今豌豆象队伍刚好可以如期赏花。当寒冬到来时，它们会隐居在一个角落里等待天气转暖。另有一些豌豆象未能赶在秋天结束之前离开种子，它们选择在豌豆种子里过冬，这些幼虫躲在天窗后面，努力不让自己碰到盖子。在春天回归之前，密室之门的铰链不会打开，更确切地说是，密室之门不会沿着最省力的线裂开。到了春天，发育迟缓的豌豆象会离开居所和第一批急性子豌豆象会合。待到豌豆藤开花之时，两批豌豆象都已经做好了充分的准备。

　　了解昆虫世界千奇百怪的本能对观察家来说充满了乐趣，否则我们怎么才能更深刻地认识生命过程的奇妙演绎呢？我知道，有些人会对此种意义上的昆虫学提出反对意见，他们看不起那些专注于研究昆虫行为和习性的呆子。对极端功利主义者来说，从豌豆象口中抢下一小撮豌豆要比不能带来即时效益的观察报告重要得多。

我要问一问那些没有信仰的人，谁能保证今天没有用的知识明天也没有用呢？我们如果熟知昆虫的习性，就能对如何保护农作物有更深刻的认识。请不要鄙视这些琐碎的知识，否则有一天你会追悔莫及。人类文明的进步就在于积累知识，不管获取的知识能否马上应用于实践。文明的进步还在延续，今天胜过昨天，明天又超越今天……如果我们注定要和豌豆象争夺豌豆和蚕豆，那么更应该用知识武装自己。知识就像巨大的面盆，进步的面团在里面摔打和发酵。为了获取知识，牺牲几粒豆子又有何妨？

现有的知识告诉我们："播种人不必对豌豆象大动干戈，当豌豆被运进谷仓的时候，损失就已存在，挽回是不可能的，但豆子和豆子之间不会相互传染。不管在一起放多久，被豌豆象占据的豆子也不会影响周围的好豆子。时间一到，豌豆象就会从豆子中逃逸。如果条件允许，它们一定不会放弃从仓库中飞走的机会；如果条件不允许，它们只会默默地死去而不会糟蹋好豆子。从来不曾有人见过豌豆象在谷仓里的干豆子上产卵或者培育下一代，沦落谷仓的豌豆象成虫不再具有破坏豌豆的能力。"

成虫飞出

豌豆象可不愿意成为谷仓里的常住居民，它需要新鲜空气、和煦的阳光和自由的田野。一向省吃俭用的豌豆象绝对不能吃坚硬的食物，它的樱桃小口只能用来吮吸花朵上的蜜汁。但在幼虫阶段，豌豆象必须以长在豆荚里的绿豌豆嫩组织为食。看来，掠夺者是不可能在谷仓里继续繁殖的。

造成损失的源头在菜园，我们应该从菜园入手，保持警惕防止豌豆象干坏事，只是人类还没有找到对付昆虫的有效武器。昆虫数量大，体形小，诡计多，很难彻底消灭，这小小的生灵居然对人类的愤怒视若不见！园丁的诅咒也奈何不了豌豆象，它们继续泰然自若地从豌豆上抽取自己应得的一份。好在我们有帮手相助，这些帮手比我们更耐心、更了解豌豆象的习性。

在八月的头一周里，当豌豆象成虫开始现身的时候，我发现了一种堪称豌豆卫士的小蜂科昆虫。在饲养豌豆象的笼子里，我亲眼见到从豌豆象幼虫寄生的豆子里一下子飞出很多这样的虫子。雌蜂的头部和胸部微微发红，腹部黑色，并连着一个长长的产卵器。雄蜂体形稍小，通体黑色。雌雄两性都有红色的足和丝状的触角。

为了便于逃离豌豆，豌豆象杀手在圆形天窗中间打了个洞。圆形天窗本来是豌豆象幼虫为日后逃离豆子准备的，现在却为杀手提供了便利。说到这里，剩下的事情读者就可以自行想象了。

当豌豆象变态的准备工作已经就绪，逃逸通道已经挖到离表层膜只剩下一盖之隔时，杀手雌蜂就会匆匆赶来。它首先用触角仔细检查挂在藤上的豆荚，如果发现藏在豆荚里的豌豆种子表皮上存在薄弱地带，就会将长长的产卵器从豆荚边缘刺进去，穿入圆形天窗。不管豌豆象幼虫或者蛹藏得多么深，产卵器都能够得到。雌蜂把卵产在豌豆象细嫩的肉上，事情就算圆满完成。此时豌豆象要么是睡得迷迷糊糊的幼虫，要么是孤立无援的蛹，根本没有还手之力，早晚它会被孵化出来的小蜂啃到只剩下一张皮。小蜂是剿灭豌豆象的狂热杀手，只是我们没有办法帮它繁殖。为什么呢？因为我们陷入了一个不妙的循环：如果我们想得到大量小蜂的帮助，就必须繁殖大量的豌豆象。

菜豆象

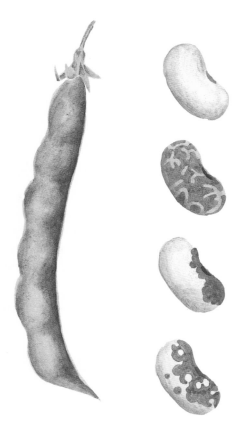

品种繁多的菜豆

如果尘世间有一种蔬菜为上帝所赐，那种蔬菜一定是菜豆。菜豆拥有很多优点——口感绵软、美味可口、产量可观、价格便宜、营养丰富，称得上是素食中的肉品。它的口味和屠夫肉板上的粗肉相当，却没有令人生厌的血腥味。为了强调它的功用，普罗旺斯俗语中把它称作"填饱穷人肚子的食物"。

神圣的菜豆啊，你带给穷人慰藉：在人生的博彩中，辛勤劳作的技术工人从来中不了奖，只有靠你，他们才能填饱肚子。只要配上三滴油和少许醋，就能用菜豆烹饪出我童年最爱的菜肴。如今，我已近迟暮之年，但小汤碗里仍然少不了菜豆。菜豆，你真是我永远的朋友！

在这里写你不是为了歌功颂德。

出于好奇，我想问你几个问题：你从哪里来？是和蚕豆、豌豆一样来自中亚吗？你是我们的先祖从菜园里种出来的吗？古时候有你吗？

作为公正和博学的见证者，昆虫回答："不，在你们国家，古人不知道菜豆，这种珍贵的蔬菜是和蚕豆一起引入的。菜豆是外来物种，而且引入欧洲的时间并不长。"

昆虫的回答很有道理，值得认真研究。事实上，我对农业生产的方方面面观察了那么多年，从未发现菜豆被任何昆虫攻击过，甚至包括抢劫豆科植物种子的惯犯——豌豆象。

关于这一点，我咨询过身边的农民朋友。他们会以高度的警觉看守自己种的庄稼。盗窃别人的财产是滔天大罪，很快就会被发现，何况家庭主妇会一一检查即将下锅的菜豆，不会漏掉一个坏蛋。

我问了很多农民，他们都对我的问题报以微笑，怀疑我有没有最基本的昆虫学知识。他们说："先生，菜豆里从来就没有虫子。这种神圣的蔬菜连豆象都敬畏三分。豌豆、蚕豆、野豌豆和鹰嘴豆上都有害虫，但是菜豆——填饱穷人肚子的食物上没有。要是有竞争者跟我们争夺菜豆，我们这些穷人该怎么办呢？"

实际上，豆象类昆虫很鄙视菜豆，这一点令人费解：豆象如此费尽心机地开发其他豆类，连瘦得可怜兮兮的小扁豆都不放过，却不理睬在大小上和口味上都很诱人的菜豆。豆象吃遍了各种好吃的和不好吃的豆子，为什么偏偏对美味的菜豆不屑一顾？从宽叶香豌豆到豌豆，从豌豆到蚕豆，不管是大豆子还是小豆子，豆象都有所涉猎，但对菜豆的诱惑却置之不理，这到底是为什么？

显然是因为豆象不知道菜豆的存在。其他豆科植物，不论是本土的还是从东方传过来的，都已经为豆象所熟悉，它们不断地在各种豆

255

子上做试验。一年又一年过去了，豆象吸取过去的经验教训，在古老传统的基础上规划着后代的未来。菜豆是新物种，其功用还没有被豆象发掘，于是就被忽略了。

昆虫的习性显然是在向我们暗示，菜豆被引入法国的时间并不长——它一定来自遥远的新大陆。任何可食用的植物都会招来消费者，如果菜豆源自旧大陆，少不了会有专门以它为食的害虫，就像豌豆、小扁豆和蚕豆的情况一样。最小的豆科植物种子不过针尖大小，竟然也供养着一种豆象，这个昆虫世界的侏儒不紧不慢地咬开属于自己的豆子，把它凿成宜居之所。然而，肥美的菜豆却安然躲过了这一劫。

只有一种原因能解释菜豆惊人的免疫力，即同马铃薯、玉米一样，菜豆是来自新大陆的礼物。在传入欧洲的时候，菜豆没有把本土的寄居昆虫一起带来。对菜豆来说，法国的昆虫来自另一个世界，它们不知道菜豆是何物，所以鄙视它。同样，在法国，马铃薯和玉米棒子也没有受到昆虫的侵害，因为美洲的害虫没有机会进入法国。

昆虫的回答得到了古老经典的证实：菜豆从未出现在古希腊农民或古罗马农民的餐桌上。古罗马诗人维吉尔（公元前70—公元前19）在《牧歌》第二首中描述了牧女塞斯提丽为收割的农民准备美味佳肴的场景。

多种食材混合而成的菜肴散发出蒜泥蛋黄酱的香气。对普罗旺斯人来说，这是一道难得的美食。诗里的描述令人垂涎欲滴，但不符合经济实惠的原则。在此种情况下，人们更愿意吃普通的饭食——葱爆红菜豆。这道菜不仅口味极佳，还能填饱肚肠。饱餐过后，庄稼汉们在蝉鸣声中走到户外，在禾谷堆旁找个阴凉的地方打个小盹，以便消化腹中的美食。今天的塞斯提丽和古代牧女并无二致，她们都不会忘了填饱穷人肚肠的食物。对于胃口大的人来说，菜豆不失为一种经济实惠的食材。古代的塞斯提丽没有想到准备菜豆，因为她不知道菜豆是何物。

诗人还写到提提鲁斯招待自己的朋友——梅利伯的情景。梅利伯被屋大维的士兵赶出家门，尾随羊群一瘸一拐地来找提提鲁斯。提提鲁斯说：晚饭有栗子、奶酪和水果。诗中没有提及梅利伯对饭菜的态度，不过从这些粗茶淡饭中，我们更清楚地了解到，古代牧羊人并不知道菜豆。

在一个有趣的段落中，古罗马诗人奥维德（公元前43—公元17）向我们描述了一对温和的老夫妇菲勒蒙和鲍西丝把乔装的神灵当作普通客人请到寒舍的情景。吃饭用的桌子只有三条腿，其中一条腿下面还垫着碎瓷片。主人奉上白菜汤、锈色的腊肉、热渣上短暂加热的鸡蛋、盐卤里泡过的茱萸果、蜂蜜和水果。在这桌丰盛的农家饭里少了一道热心的乡下人忘不了的关键菜肴——在腊肉汤之后应该用一盘菜豆作调剂啊。精于细节描写的奥维德怎么会忘记提到一道最为常见的农家菜呢？答案和之前一样，因为他不知道菜豆是何物。

我不辞辛苦地概括了所有能查到的关于古时农家饭的资料，但这些努力都白费了——我没有找到关于菜豆的任何记载。菜园里的种植者和农田里的收割者收获过羽扇豆、蚕豆、豌豆和小扁豆，就是没有种过豆中之王——菜豆。

菜豆还有另一方面的声名——吃豆子会产生胀气。正如谚语中所说的：你吃了豆子就要走开。豆子成了老百姓喜闻乐见的不雅笑料，尤其是在由阿里斯托芬（公元前448—公元前385）和普罗塔斯（公元前254—公元前184）这样的喜剧作家毫无顾忌地讲出来的时候。对豆子给人带来胀气的讽喻是多么有趣的笑料啊。雅典水手和罗马挑夫口中会爆发出怎样的笑声呢？两位喜剧大师有没有用随性的玩笑话谈到过菜豆的功用呢？答案是否定的，他们对这种能制造巨响的豆子只字未提。

还可以从名字入手。菜豆的发音很奇怪，不像法语中的单词，其音节的组合类似西印度群岛或南美语言中的 caoutchouc 和 cacao。菜豆这个词真的来自美洲印第安人吗？我们是不是在引进菜豆的同时也从那个国家引进了"菜豆"这个词呢？或许吧，但怎么才能证明这一点呢？菜豆，神奇的菜豆啊，你给我们出了一道语言方面的难题。

法语中把菜豆称为 faséole 或者 flageolet，普罗旺斯语为 faioù 和 favioù，加泰罗尼亚语为 fayol，西班牙语为 faseolo，葡萄牙语为 feyâo，意大利语为 fagiuolo。语言可是我擅长的领域：上述语言都属于拉丁语族，它们保留了古老词干 faselus，但词尾部分免不了会有变化。

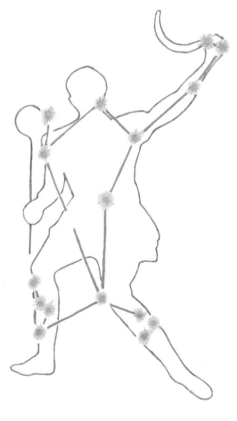

牧夫座

词典上说，faselus, faseolus, phaseolus 都指菜豆。博学的词典编纂者啊，请允许我指出你们的错误，faselus 和 faseolus 不可能指菜豆。我有确凿的证据，维吉尔在《农事诗》中提到过应该在什么季节种植 faselus。

诗人对所有农事活动都很熟悉，没有什么比他的告诫更明确了：牧夫座消失于日落时刻之日，就是开始播种 faselus 之时。也就是说，从十月开始播种，一直持续到隆冬时节。

这样的播种条件不可能适合菜豆：菜豆是一种娇气的植物，经不住哪怕是最轻微的霜冻。冬天对它来说是致命的，就算是意大利的冬天，它也熬不过去。豌豆、蚕豆、野豌豆和其他豆科植物由于产地的缘故，耐寒能力较强，可以在秋天播种，只要冬季气候不是太恶劣，就能茁壮成长。

那么《农事诗》中提到的 faselus 又是什么呢？拉丁语族的语言都把 faselus 当作"菜豆"的词干，这可是一件麻烦的事情。诗人曾用表示轻蔑的"廉价"一词来形容这种豆子的特性，我倾向于认为 faselus 指的是古人栽种的野豌豆，一种粗大的方形豆子，在普罗旺斯农民眼中，这种豆子毫无价值。

到目前为止菜豆问题仍然只有昆虫单方面的证词。正在这时，一个意想不到的证据助我揭开了谜底。这一次我是从一位诗人，法国大名鼎鼎的诗人埃雷迪亚（1842—1905）那里找到了答案。他让我的一位在乡村小学担任教员的朋友带给我一本杂志，我从杂志中读到这位十四行诗的大师和女记者之间的对话，女记者迫切想知道诗人最喜欢自己的哪部作品。

"让我怎么回答呢？"诗人说，"我不知道如何回答，我挑不出哪一首自己最喜欢。写每一首诗时，我都倾尽了全力……你，你觉得哪一首更好？"

"尊敬的大师，在这么多完美无缺的珠宝中，如何才能选出最美的一颗呢？您的作品都太优秀了，就像把珍珠、绿宝石和红宝石一齐摆在我面前，我能为了绿宝石而舍弃珍珠吗？您的作品就像是用各种宝石穿成的项链，每一篇都令我深深折服。"

"其实，有一件事比十四行诗更令我引以为荣，它给我带来的美名也胜过我的诗文。"

我把眼睛瞪得大大的，"什么事情？"我问。诗人诡异地看了我一眼，我看到他那年轻的面容上闪着熠熠的光彩。诗人得意地说："我找到了菜豆这个词的词源。"

我惊讶得不会笑了。

"我是认真的，没有逗你玩。"

"哦，亲爱的大师，你学识渊博早已声名远播，如果你说因为发现了菜豆这个词的词源而出名，我还真不敢相信。你能告诉我是怎么发现的吗？"

"当然可以！埃尔南德斯写过一部记录十七世纪博物学史的著作《新世界植物史》，在研读这部著作时，我发现了有关菜豆的一些资料。直到十七世纪的时候，法国人还不知道菜豆这个词，墨西哥人称菜豆为 ayacot。在墨西哥被征服之前，那里已经繁殖了三十种菜豆，它们都被称作 ayacot，尤其是有黑斑或者紫斑的红菜豆。一天，我在加斯东·帕里斯 [①] 家做客，有幸遇到一位大学者。听我自报家门之后，这位学者急着问我是不是那个找到菜豆词源的人。他对我写的诗和出版的诗集《战利品》完全不感兴趣。"

一席绝妙的俏皮话把诗人灿若珠玉的诗作贬得还不如植物的命名重要！我为 ayacot 而感到由衷的高兴——我早就怀疑菜豆这个词来自美洲印第安人。昆虫用自己的方式向我们证明，这种稀有的豆子来自新大陆！这种来自墨西哥的豆子，被墨西哥印第安人称作 ayacot 的豆子，从墨西哥一路迁徙来到了欧洲的菜园，但名称没有变，或者说发音变化不大。

寄居的昆虫没有和菜豆一起来到法国，我相信在菜豆的原产地一定有以吸食它的营养为生的豆象。法国的食豆昆虫不认识这个陌生品种，它们还没来得及熟悉菜豆，更别提品尝它的味道了。法国本地昆虫小心翼翼地避免触碰 ayacot，因为新来者令它们起疑。直到今天，这种来自墨西哥的豆子仍能独善其身，不像其他豆科植物的种子那样已

[①] 1839—1903，法国作家、学者，获 1901 年、1902 年、1903 年诺贝尔文学奖提名。

被豆象开发殆尽。

菜豆独善其身的状况肯定不会长久，就算法国没有喜欢菜豆的昆虫，新世界里总该有。在商贸往来的过程中，带有蛀虫的菜豆迟早会传到欧洲，入侵是不可避免的。

根据现有文献，入侵现象确实曾经发生过。三四年前，我从罗讷河口省的马雅纳得到了想要的东西。我本打算在周围的村落收集样本，可是失败了。我问遍了种地的农民和家庭妇女，他们对我的问题一片茫然，没有人见过吃菜豆的害虫，甚至不曾有人听说过这种事。我四处打问，终于从马雅纳传来了朋友们带给我的惊喜。随后他们捎来了被糟蹋得不成样子的菜豆：每粒豆子都千疮百孔，变得跟海绵似的，豆子里爬满了数不清的豆象。这种虫子纤细的身材让人联想起扁豆象。

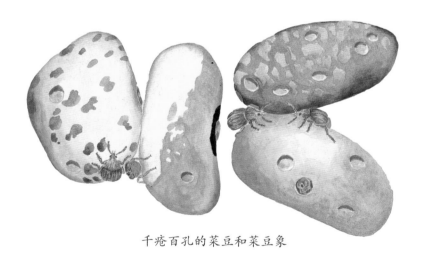

千疮百孔的菜豆和菜豆象

捎豆子的人向我描述了马雅纳的受灾情况。他们说，这种可恶的小虫子毁了他们的大部分收成。一场闻所未闻的虫灾降临到菜豆头上，几乎让家庭妇女无可炊之豆。没有人了解菜豆象的习性和捣蛋方式，让我用实验来解开谜团吧。

快点儿，让我们开始实验吧！现在实验条件非常有利：时值六月中旬，我的菜园里刚好有一丛早熟的菜豆，那是比利时黑菜豆，本想拿来吃的。既然我已经决定牺牲这些美味的豆子，那就让这些可恶的小坏蛋在这片碧波中撒野吧！凭借观察豌豆象的经验，我断定这些菜豆已经成熟：花繁叶茂，葱绿的豆荚挂满枝头，大的小的一应俱全。

　　我在盘子里放上两三把虫蛀的菜豆，然后将这些你推我挤的虫子放到阳光炙烤的菜豆地边上。我悠然地想象着即将发生的场景：已经是自由身的菜豆象在阳光的刺激下很快就会舒展翅膀飞出来。一旦发现附近有能寄宿的菜豆，它们怎么能不爬上去占有呢？我将看到它们探测豆荚和花朵的场景，不久之后它们会把卵产在那里。因为在相似条件下，豌豆象就是这么做的。

　　然而，令我大感不解的是，期待的场景并没有出现。菜豆象在阳光下动来动去，不断地开合鞘翅，活动筋骨，准备飞行。几分钟后，竟一只接一只地飞走了，我看到它们飞入朗朗晴空，身影越来越远，没一会儿就从视野中消失了。接下来的实验依然一无所获——没有一只豆象落在我家的菜豆上。

　　它们会在充分享受自由之后飞回来吗？比如今晚、明天或者过几天？不，它们根本没有飞回来。在接下来的一个星期里，我一次又一次地一个豆荚接着一个豆荚，一朵花接着一朵花地检查，但是一只豆象也没有发现，甚至连卵都没有。现在正是豆象繁殖的好时节，被我囚禁在罐子里的雌虫已经在干菜豆上产了很多卵了。

　　换个季节试一下吧，我有另外两块菜地种着晚熟的菜豆——红菜豆，种这些菜豆主要是为了研究豆象，剩下的留给家里人食用。一切安排就绪，两块菜地之间隔着一段距离，一块在八月成熟，另一块在九月或者更晚的时候成熟。

我在红菜豆上重复了曾经在黑菜豆上做过的实验。有几次趁天气好的时候，我从昆虫大本营——玻璃罐里放出一大群豆象。每次的实验结果都令我大失所望：在两块菜地的豆子用尽之前，几乎每一天我都会去地里检查，但从未发现一只被虫蛀的豆荚，甚至在旁边的叶子和花上也没见到过一只豆象。

检查过程绝对万无一失：我叮嘱家人关照那几排我特意栽种的豆子，我还要求他们密切注意所有采摘下来的豆荚，我自己则举着放大镜逐一检查从自家花园和邻居花园里采摘的豆荚，确保在家庭主妇剥开籽粒之前没有豆象。然而，所有努力都是一场空，自始至终一枚卵也没有发现。

我还在玻璃瓶里重复了在露天条件下做过的实验。我把一些还挂在枝上的新鲜豆荚置于一只又细又长的玻璃瓶里。有些豆荚是绿的，还有些混杂着些许绯红色，里面的豆子都是很快就要成熟的。随后，我把一群豆象放进瓶子里。这一回，我得到了一些虫卵，但实验仍旧没有取得突破性的进展。卵被产在瓶子内壁而不是豆荚上，没关系，反正卵早晚会孵化出来的。我看到孵出来的幼虫游荡了几天，它们对玻璃和对豆荚同样充满了激情。最后，这些幼虫因为找不到食物一只接一只地死去。

结论很显然：又软又嫩的豆子不适合菜豆象。和豌豆象不同，菜豆象拒绝把卵产在尚未变干，变硬的豆子上。雌虫不在我种的豆田里安家是因为那里没有满足它需要的食物。那么它想要什么样的豆子呢？显然是已经成熟的又干又硬的豆子，砸在地上的声音跟小石子一样。马上动手满足它的需要吧！我往瓶子里塞了一些在太阳底下彻底干燥的、已经熟过头的硬豆子。这一次，菜豆象家族终于兴盛起来，幼虫在干豆荚上打洞，钻进豆子里，从此之后安居乐业。

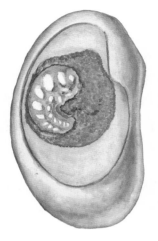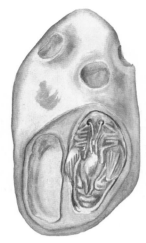

菜豆象幼虫（左）和蛹（右）

这些情况表明，菜豆象侵入了粮仓。豆子一直在田里晒着，直到枝叶和豆荚被完全晒干。这时只要轻轻一拍，豆荚里的豆子就会滑出来。这给菜豆象提供了便利，它们刚好可以在干豆子上产卵。稍后农民在收获豆子的同时，也把害虫搬进了仓库。

所以说，菜豆象尤其偏爱粮仓里面的豆子。有一种象鼻虫也是如此，它们只喜欢吃粮仓里面的小麦，对长在田里的谷物不屑一顾。菜豆象厌恶又软又嫩的豆子，宁愿在阴暗的粮仓里过安稳日子。与其说菜豆象是农民的大敌，倒不如说菜豆象是粮商的大敌。

劫掠者一旦进驻粮仓，就会犯下滔天大罪。玻璃瓶里的实验充分证明了这一点。一粒菜豆足以供养一个庞大的昆虫家族，家族成员经常多达二十只。而且破坏菜豆的还不止一代虫子，一年当中往往能繁殖三至四代。只要豆皮下还有一丁点儿能吃的东西，就会不断有新的菜豆象住进来。菜豆早晚会变成一个塞满排泄物的壳，豆壳上有多少孔就说明有多少只菜豆象在豆子里面住过。幼虫不屑于触动豆皮，那只是空空的囊而已。菜豆遭到了彻底的破坏。

而豌豆象却是独居者，只为挖掘蛹室而啃食豌豆中的一部分，完全不动其他地方，以至于这样的豌豆还可以用来播种，如果我们不嫌恶心的话，食用也是可以的。来自美洲的昆虫完全不理会这些限制，它们把菜豆吃个精光，只剩下外皮包裹的排泄物，连猪都不屑于吃。美洲向外输出害虫的时候，丝毫不顾及其他地区的承受能力。葡萄根瘤蚜也是从美洲传过来的，这种灾害性昆虫不断地给葡萄种植者制造麻烦。今天，美洲又给我们带来了菜豆象，它是威胁我们未来的灾星。一系列实验让我认识到，菜豆象的入侵蕴藏着极大的危机。

在接近三年的时间里，我实验室的桌子上摆满了瓶瓶罐罐，我用金属丝网盖在上面，既可以保持通风，又可以防止实验品逃脱。这些笼子就是我的养殖场，里面住着菜豆象，我可以随意改变方式来饲养它们。我了解到方方面面的情况，其中包括这种昆虫在选择居所方面的非专一性——它们可以在绝大多数豆科植物种子中栖身。

各种菜豆都能为菜豆象所接受：黑的、白的、红的、杂色的，新摘的、存在仓库里若干年连开水都煮不烂的……裸露的豆子最先受害，因为钻进去比较容易。不过，当裸露的豆子数量有限时，有豆荚保护的豆子同样会遭到攻击。即使豆荚干得像羊皮纸一样，幼虫也能轻易钻入豆子。在田野或者菜园里，菜豆象就是通过钻入豆荚侵入豆子的。被法国普罗旺斯地区称作"盲豆"的菜豆有长长的豆荚，豆荚中心部位有一个黑斑，好似有眼袋的黑眼睛。这种豆子是菜豆象最爱吃的品种之一，我看到我的小客人对这种菜豆有着特殊的偏好。

到现在为止尚未出现异常——菜豆象的食谱没有超越豆科菜豆属植物的范畴。然而，有一种特性增加了这种昆虫的危险性，可能会给我们带来意想不到的灾殃。菜豆象在接受干豌豆、蚕豆、野豌豆和鹰嘴豆的时候没有半点儿迟疑，每种豆子都能满足它的食欲。无论在菜豆中，还是在上述豆类中，菜豆象的后代都能生存和繁衍。只有小扁豆例外，或许因为里面的空间实在太小吧。美洲菜豆象简直是个实证主义者，各种豆子都要尝试一下。

　　起初我曾预想菜豆象的破坏范围有可能会从豆类蔓延到谷物，如果真是这样，情况将更加危险。好在它们还没有能力这么做。我在囚禁菜豆象的瓶子里放入少量小麦、大麦、大米或者玉米，结果所有菜豆象还没等产卵就全部死掉了。用油料作物，例如蓖麻和向日葵做实验，得到的结果相同——除豆类以外的其他植物对菜豆象来说毫无用处。虽然选择范围有限，但豆类植物的品种也不少。就算菜豆象精力再旺盛，也足够它享用了。

　　菜豆象的卵又长又圆，呈白色。雌虫在产卵的时候毫无章法，对产卵的位置也不加选择：有时一枚卵孤零零地待着，有时一堆卵挤在一起；卵有时被产在玻璃瓶的内壁上，有时被产在菜豆上。粗心的妈妈甚至会把卵产在玉米、咖啡、蓖麻或者其他植物的种子上。在这些种子上，新出生的幼虫根本找不到合胃口的食物，用不了多久就会死掉。妈妈的远见有什么用呢？只要把卵产在种子堆里就行，反正幼虫自己能找到进入菜豆的部位。

菜豆象的卵

至多五天时间，红棕色脑袋、白色身子的小生命就会从卵里孵出来。它的身体实在是太小了，肉眼几乎看不见。为了在如木头一般硬的干豆子上打洞，幼虫弓起身子，以便给打洞工具——上颚施加更大的力。吉丁虫和天牛的幼虫要想在树干上打洞，也会摆出类似的姿势。菜豆象幼虫一从卵中孵出来就摇摆着身子四处乱爬，那股闯劲和年纪很不相符。为了尽早找到食物和安居之所，幼虫从出生那一刻起就不得不独立闯荡了。

　　大多数幼虫会在二十四小时内搞定这两样东西。我眼见一只小虫子在卖力地打洞，它钻进了覆盖在子叶上的硬皮，半个身子已经埋在洞里。洞口处有一层白色粉末，是幼虫用上颚啃下来的碎末。幼虫埋头在里面挖，直到进入种子的中间部位。大约五周后，它就会化作成虫钻出来，成长速度可真够快的。

　　菜豆象生长速度如此之快，以至于一年之中可以繁殖好几代，我观察到的结果是四代。一对菜豆象为我繁殖了八十个后代，如果雌雄各占一半，那么到年底的时候，由原来那对菜豆象产生的后代将会繁殖出四十的四次方对后代。那么啃食菜豆的幼虫的数量将超过五百万只。如此庞大的食客队伍得糟蹋多少菜豆啊！

　　不论从哪方面看，菜豆象幼虫的生存方式都与豌豆象幼虫非常相像：每只幼虫在豆子里掘出一块地方作为居所，挖到表皮时停止，在表皮处布下一扇圆形的天窗。离开的时候，成虫轻轻一推就能打开这扇天窗。在幼虫阶段的末期，豆子表面会星星点点浮现出无数洞口的阴影。最后，洞口的盖子掉下来，里面的虫子钻出幼虫时代的居所。菜豆养育过多少只幼虫，就会在表皮上留下多少洞。

　　菜豆象成虫食量很小，一丁点儿淀粉末已经足够满足生存所需。只要豆子堆里还有没吃过的豆子，菜豆象成虫就不急着放弃原来的领地。它们在豆子堆的夹缝里交配，产卵的位置也很随意。所以有些幼虫爬进了完好无损的豆子，另一些幼虫则爬进了还没有被吃光的豆子。在整个夏天里，每隔五周菜豆象就会产一次卵。九月或十月产的卵是最后一代，这一代幼虫会一直睡在豆子里，直到回暖。

如果菜豆象对我们造成了严重威胁，发动一场歼灭它们的战争倒不是难事。我们可以根据它们的习性制定作战方略。菜豆象只对堆在粮仓或者仓库里的干豆子感兴趣，在户外扑杀它们很困难，而且也起不到太大的作用。菜豆象对豆子的破坏主要发生在仓库中——既然敌人已经在我们的屋檐下安家落户，何不把它们一网打尽！这时用杀虫剂来保护我们的豆子岂不更容易操作？

附录

法布尔生平年表

1823 年　出生于法国南部阿韦龙省圣
　　　　莱翁镇，父母都是农民。

1839 年　考入普罗旺斯地区沃克吕兹
　　　　省阿维尼翁市师范学校，
　　　　获得奖学金。

1842 年　以出色成绩从师范学校毕
　　　　业，担任沃克吕兹省卡庞特
　　　　拉市一所学校的小学教员，
　　　　从此开始了长达二十余年的
　　　　教师生涯。

1847 年　取得蒙贝利大学数学学士学位。

1848 年　取得蒙贝利大学物理学学士学位。

1849 年　任科西嘉岛阿雅克肖市高级中学物理及化学教员，四年后返
　　　　回阿维尼翁市师范学校，任物理助教。

1854 年　取得托尔斯大学博物学学士学位。

1855 年 以两篇优秀学术论文《关于兰科植物节结的研究》《关于再生器官的解剖学研究及多足纲动物发育的研究》获得博物学博士学位。

1856 年 在《自然科学年鉴》上发表论文《节腹泥蜂习性观察记》，修正了权威学者的错误，获得法兰西学院的实验奖。

1868 年 受教育部部长推荐担任夜间公开讲座的博物学、物理学讲师。

1870 年 被指"当着女生的面讲植物两性繁殖"而被迫离开教坛，携妻室儿女在沃克吕兹省奥朗日市安身。

1875 年 全家迁往普罗旺斯乡间小镇塞里尼昂。

1878 年 完成《昆虫记》第一卷，于次年 4 月 3 日出版，此后大约每三年出版一卷。

1879 年 买下塞里尼昂的一处荒地，命名为荒石园，在这里全身心投入昆虫的观察和实验一直到逝世。

1907 年 《昆虫记》第十卷发行。

1915 年 因病去世，享年 92 岁。

1921 年 政府买下荒石园，并以法布尔的名义保存下来。